基礎から学ぶ整数論

― RSA暗号入門 ―

博士(工学) 長嶋 祐二

博士(工学) 福田 一帆

【共著】

コロナ社

『基礎から学ぶ整数論 RSA暗号入門』 第1刷（正誤表）

このたびは本書をお買い上げいただき，誠にありがとうございます．
本書には下記のような誤りがありました．ここに訂正し，謹んでお詫び申し上げます．

頁	箇所	誤	正
8	【解答】(1) 4行目	$-20 \leqq a \leqq 20$	$-20 \leqq b \leqq 20$
14	2.2節 1行目	great common	greatest common
38	手順1 1行目	最大公約数を求める．	最大公約数 g を求める．
	手順2 1行目	最大公約数＝定数項	最大公約数 | 定数項 $\Rightarrow g \mid c$
70	式(5.65)	$x = x_1 + nk \cdots$	$x = x_1 + n'k \cdots$ （n にダッシュ「'」を付ける）
93	式(6.17)の下 3行目と7行目	とは，定理6.6と同様な背理法… … なお，定理6.6は，ディリクレ…	とは，定理6.5と同様な背理法… … なお，定理6.5は，ディリクレ…
107	定理6.14 2行目	integer without sequence factors	integer without square factors, squarefree integer
111	最下行	$\cdots (a, q) = 1$ のとき	$\cdots (a, n) = 1$ のとき，p を n で置き換えると
116	章のイントロ文 2～3行目	秘密鍵(secret key：SK)から 公開鍵(public key：PK)を作成し	公開鍵(public key：PK)から 秘密鍵(secret key：SK)を作成し
118	式(7.12)の上 1行目	…偶素数の2の1個分を引いた…	…単数1の1個分(式(6.22)で $i=1$)を引いた…
142	【3】(2) 1行目	$\cdots 24 = 2^4 \times 3,\ 132 = 2^3 \times 3 \times 11$	$\cdots 24 = 2^3 \times 3,\ 132 = 2^2 \times 3 \times 11$
	【3】(2) 3行目	$\cdots = \dfrac{12 \times 24 \times 132}{g} = \dfrac{12 \times 24 \times 132}{12} = 264$	$\cdots = 2^3 \times 3 \times 11 = 264$

最新の正誤表がコロナ社ホームページにある場合がございます．

下記URLにアクセスして[キーワード検索]に書名を入力して下さい．

https://www.coronasha.co.jp

①

ま　え　が　き

　私たちの生活でなじみ深い自然数という数は，ヒトの誕生そして進化する過程の中で，ものを数えるという行為や，順序・順番というと考え方とともに発生し，徐々に概念形成が行われたと考えられます。私たち漢字圏の生活の中では，一 (1)，十 (10)，百 (10^2)，千 (10^3)，万 (10^4)，億 (10^8)，兆 (10^{12})，…の漢数字が用いられています。知られている最大数は，恒河沙 (10^{52})，阿僧祇 (10^{56})，那由他 (10^{60})，不可思議 (10^{64})，無量大数 (10^{68}) のほか諸説ありますが，無量大数です。この数という概念形成の過程で，数という抽象概念へと発展していたと考えられます。では，位取りには欠かせない 0 は，いつから使われるようになったのでしょうか。ゼロ「0」はインドで使われだしたというのが有力な説です。この 0 の発見により数学が爆発的に進歩したともいわれています。そして，0 が，整数論の体系化に大きく寄与した記号と考えられます。

　整数論の中で，その不思議さ・難しさ・神秘さがゆえに私たちを魅了し続けている数に 6 章で学ぶ素数があります。素数は，すでに古代ギリシャの数学者ユークリッドにより，無限個の存在が証明されています。さらに，素数を効率的に見つける方法は，古代ギリシャの数学者 エラトステネスが考案したとされる「エラトステネスの篩」です。そして，素数の出現には規則性がないとされているため，いまだにエラトステネスの篩を上回る素数を見つける方法はないとされています。この素数が，現代の高度情報化社会の情報通信の安全性を根底から支える暗号に用いられています。インターネット上の情報は，暗号化することで安全に通信相手に送ることができるようになります。さまざまな暗号技術が考案されていますが，実用化されている暗号技術の中に，大きな二つの異なる素数を用いる RSA 暗号があります。残念ながら，RSA 暗号は未来永劫に安全な暗号技術とはいえません。いままさに新しい暗号技術の研究が進んで

います。しかし，安心してください，まだ RSA 暗号は安全とされています。

　本書は，中学生レベルの整数の知識を基に整数論の基礎を理解しながら，RSA 暗号の基礎となる考え方を学ぼうとする読者を想定してまとめてあります。数学科ではない学生は，整数の話題に興味はあるが難しいと感じている人も多いと思います。そのような人は，暗号に興味があるけれど，なにから始めてどのように学んだらよいかわからないと思います。学生ではなくても，RSA 暗号を学びたいのになにから始めたらよいかわからない人も多くいると思います。RSA 暗号を学ぶのにいきなり，合同式や素数に関する難しい定理や素数に関する難解な演算からスタートするのは避けたいものです。

　本書で RSA 暗号を学び始めるために最低限必要な数学の知識は，中学生までに学んだ整数の四則演算だけです。はじめに，1 章において RSA 暗号の概要を学び，目的を明確にします。ここでは，RSA 暗号の仕組みや特徴を学び，「なぜそのようなことが可能なのか」という疑問をもつことが大切です。読者の皆さんは，1 章を終えた時点で，RSA 暗号について理解できない部分があっても，まったく問題ありません。つぎに，2 章から 6 章では，RSA 暗号の理解に必要な整数論の各項目を学びます。ここでは，中学高校レベルの知識から始まり，徐々に新しい定理や知識を身に付けていきます。各項目と RSA 暗号との関係は，目次の ★ の数で表してありますので，参考にしてください。RSA 暗号の計算をできるようになるためには ★★ まで，RSA 暗号の原理を理解したい場合は ★★★ までの知識が必要となります。最後の 7 章では，再び RSA 暗号に戻り原理の理解と実践を目指します。6 章までを修得していれば，1 章では疑問だらけだった RSA 暗号が，7 章ではスラスラと計算でき原理も理解できるようになるはずです。

　整数論と RSA 暗号を学ぶためには，さまざまな定理を理解しなければなりません。重要あるいは必要な定理には，詳細な証明を載せるように心がけました。そして，それらの定理の使い方を学ぶために例題を用意してあります。例題には，わかりやすい解答過程を載せるようにしました。また，各章の章末には章全体の理解確認の問題を用意してあります。各章末問題の解答は，なるべ

く詳細に計算過程を載せるように心がけました。さらに，基本的な計算過程のほかに理解を補う別解法がある場合には，その過程も載せるようにしています。

　本書の例題や章末問題などは，数式処理言語である Mathematica を用いて計算することができます。興味のある人は，Mathematica にも挑戦してみてください。

　なお，本書は工学院大学情報学部の 1 年生共通科目として設置している情報数学および演習 3 の教科書としてまとめたものです。「情報数学および演習 3」は講義と演習の 2 限連続 × 全 7 週のクォーター科目であり，本書は全 14 コマで扱う内容となっています。情報学部情報デザイン学科の設立のとき，基礎科目に整数論や暗号に関する授業がありませんでした。そこで，2009 年に整数論の講義を開始し，2013 年には RSA 暗号を追加しました。そして，2016 年から情報学部全体の 1 年生基礎科目として，整数論の基礎と RSA 暗号を学ぶ情報数学 3 が開始されました。これに伴い，TEX の jarticle 形式から jbook 形式に授業資料の充実を目指して再構築を開始しました。2019 年には，充実化が終了したので出版準備に取り掛かりました。本書の校正にご協力をいただいた本学の非常勤講師の渡邉桂子先生には，わかりにくいところなどいろいろご意見をいただいたことに感謝いたします。

　最後に，出版を快諾していただくとともにさまざまなコメントをいただいたコロナ社の皆さまに感謝いたします。

　追記：2019 年末ごろより，人知れず人への感染力を獲得してしまった「新型コロナウイルス（SARS coronavirus 2（SARS-CoV-2））」が中国の武漢市を中心に出現しました。この新型コロナウイルス感染症（coronavirus disease（COVID-19））の患者数が，世界中で爆発的に増加しており，日本でもその増加の脅威が拡大しております。1 日も早いこの感染症の終息を願い執筆を終了しました。そして，出版時には終息していることを願うばかりです。

　2020 年 8 月

長嶋　祐二

福田　一帆

凡　　　例

(1) 本書は，7章で構成されています。自分の理解している章は飛ばしてつぎの章から読んでも大丈夫です。また，必要な章のみを読むことができるようになっています。

(2) 内容理解のために，例題，章末問題を用意しています。すべての問題には詳細な解答を付けています。また，別な解法があるときには，なるべく別解も詳細に記載するようにしています。

(3) 重要と思われる用語には，その対応英語も付けています。

(4) 目次の各項目には本書を読んで，どこまでの知識を得られるか（重要度）を ★ の数で示してあります。

　　　無印　　：　　事前知識，参考
　　　★　　　：　　高校までの復習程度の知識
　　　★★　　：　　RSA暗号の計算に必要な知識
　　　★★★　：　　RSA暗号の原理の理解に必要な知識

(5) 本書において，計算過程や変形過程の項や数字，表中の数字に付した ____, ＝＝＝, 〜〜〜, ... は，同じ種類のラインとの対応関係に注目してもらいたい部分です。また，重要な概念にも 〜〜〜 を付してあります。

(6) 数学の用語としてよく見かける公理と本書で用いている用語について説明します。

　　(a) 公理（axiom）　　その理論の出発点であり，証明をしないで用いることのできる記述（文章や式）のことです。その議論の出発点となる最も自明な前提条件とも考えられます。したがって，証明する必要がないのです。ユークリッド幾何学に出てくる「平行線の公理」は有名です。

　　(b) 定義（definition）　　本書において，用語の意味や式を定めたもので，証明をしないで用いている議論の前提条件です。具体的な例は，本文を参照してください。

　　(c) 定理（theorem）　　本書において，定義から導出することのできる記述（文章や式など）を指します。公理や定義，そして証明済みの

定理を用いて証明することができます。具体的な例は，本文を参照
してください。

(d)　補題（lemma）　　本書では，定理から類推，あるいは導出すること
ができる記述（文章や式など）を指します。定理と同様に証明する
ことができます。具体的な例は，本文を参照してください。

(e)　アルゴリズム（algorithm）　　本書では，問題を解く手順が規則化
されていて，プログラム化することで容易に解を求めることができ
る手法の記述に用いています。アルゴリズムの記述方法は，プログ
ラミング言語を特定しないように，代入式，判断式，計算式などを
用いて記述しています。具体的な例は，本文を参照してください。

(f)　参考（guide）　　本書では，直前の記述や例題などに対して，考え
方や計算の手助けとなる記述や式を参考として記述しています。具
体的な例は，本文を参照してください。

(g)　例題（example）　　本書では，直前の内容の確認のため，あるいは
つぎの項目の準備として必要な知識の確認のために，多くの例題を
記載しています。確認のためにあるので，定義・定理・アルゴリズ
ムの文の直後に記載してあります。

(7)　本書の 4 桁以上の数値の表記では，3 桁ごとの区切り記号としてカンマ「,」
ではなく空白を用います。小数点にはピリオド「.」を用います。例えば，
123456789 は 123 456 789 と表記しています。この区切り記号や小数点記号
になにを用いるかは国によっても異なります。

注 1)　本文中に記載している会社名，製品名は，それぞれ各社の商標または登録商標です。
注 2)　本書に記載の情報，ソフトウェア，URL は 2020 年 4 月現在のものを掲載しています。

本書で用いるおもな記号とその意味

　本書で用いているおもな記号とその意味について挙げます。なお本書において，乗算では，掛けることを意識的に示したり，わかりやすさのために，$a \times b$, $a \cdot b$, $3 \times a$ のように演算子 × や・を適宜用います。省略してもわかるときには，ab や $3a$ のように表記します。また，$n_1 n_2 \cdots n_{10}$ や $n_1 + n_2 + \cdots + n_{10}$ などの $\cdots$ は，積や和の繰り返し演算を示しています。

自然数全体の集合	: $\mathbb{N}$, 　$\mathbf{N}$ (<u>N</u>atural number)
整数全体の集合	: $\mathbb{Z}$, 　$\mathbf{Z}$ (Integral number ドイツ語　数 <u>Z</u>ahl)
有理数全体の集合	: $\mathbb{Q}$, 　$\mathbf{Q}$ (Rational number, ドイツ語　商 <u>Q</u>uotient)
実数全体の集合	: $\mathbb{R}$, 　$\mathbf{R}$ (<u>R</u>eal number)
複素数全体の集合	: $\mathbb{C}$, 　$\mathbf{C}$ (<u>C</u>omplex number)

$b \mid a$ 　　　　　　　：a は b で割り切れる，$\dfrac{a}{b}$ が整数の商 q をもつ。

$$a = b \times q \ (b \neq 0)$$

$b \nmid a$ 　　　　　　　：a は b で割り切れない，$\dfrac{a}{b}$ が整数の商をもたない。

$\mathrm{GCD}(a,b) = (a,b)$ 　：a と b の最大公約数

$\mathrm{LCM}(a,b) = [a,b]$ 　：a と b の最小公倍数

$\lfloor x \rfloor = $ 　　　　　　：床関数，x を超えない最大の整数

　$\max\{n \in \mathbb{Z} | n \leqq x\}$ 　　例) $\lfloor 3.14 \rfloor = 3$, $\lfloor -3.14 \rfloor = -4$

$[x]$ 　　　　　　　：ガウス記号，x を超えない最大の整数，床関数と同じ

$\lceil x \rceil = $ 　　　　　　：天井関数，x 以上の最小の整数

　$\min\{n \in \mathbb{Z} | x \leqq n\}$ 　　例) $\lceil 3.14 \rceil = 4$, $\lceil -3.14 \rceil = -3$

$a \equiv b \ (\mathrm{mod} \ n)$ 　　：a と b は n を法 (modulus) として互いに合同である。

　　　　　　　　　　　「a を n で割った余り」＝「b を n で割った余り」

　　　　　　　　　　　$\Updownarrow$ 同じ意味

　　　　　　　　　　　$n \mid a - b$

$x \in \mathbb{Z}$ 　　　　　　：x は $\mathbb{Z}$ に属する，x は集合 $\mathbb{Z}$ の元である。

$\forall$ 　　　　　　　：全称記号で，$\forall x$ は「任意の x」，「すべての x」を表す。

∃ : 存在記号で，$\exists x$ は「ある x が存在して」を表す。

$\prod$: 総乗（product）記号

例）$\displaystyle\prod_{i=1}^{n} x_i = x_1 x_2 \cdots x_n$

≃ : ≒ と同じ意味

≦ : $\leq$，$\leqq$ と同じ意味

≧ : $\geq$，$\geqq$ と同じ意味

≪ : 十分小さい

≫ : 十分大きい

∨ : 論理和，または

∧ : 論理積，かつ

∪ : 和集合，$A \cup B$ は A または B の要素からなる集合

また，C_1 から C_n までの n 個の集合の和集合を

$C_1 \cup C_2 \cup C_3 \cup \cdots \cup C_n = \displaystyle\bigcup_{r=1}^{n} C_r$ と表す。

∩ : 積集合，$A \cap B$ は A と B の共通部分の集合

また，C_1 から C_n までの n 個の集合の積集合を

$C_1 \cap C_2 \cap C_3 \cap \cdots \cap C_n = \displaystyle\bigcap_{r=1}^{n} C_r$ と表す。

∴ : ゆえに

∵ : なぜならば，なんとならば

i.e. : すなわち，*idest*（ラテン語：イデストゥ）の省略形

$A \subset B$: A は B の真部分集合，「A は B に含まれ」かつ「$A \neq B$」

$A \subsetneq B$ あるいは $A \subsetneqq B$ とも書く。

$A \subseteq B$: A は B の部分集合，$A \subseteqq B$ とも書く。

$\dbinom{n}{r}$: 2項係数，${}_nC_r$ と同じ

目　　　　次

1.　整数の基礎的知識 ── RSA暗号の導入 ──

2.　最小公倍数と最大公約数 ── 整数の組に共通性を探す ──

6.　素数 ── RSA 暗号を根底から支える数 ──

7. RSA暗号 ── さぁRSA暗号に挑戦 ──

定義，定理，アルゴリズム一覧

1 | 整数の基礎的知識
─ RSA 暗号の導入 ─

本書では，RSA 暗号（RSA encryption）の原理の理解を目標とします。RSA 暗号を求めるのに必要となる，さまざまな基礎的な整数論の定理，演算手法を学びます。

1 章では，暗号の基礎知識と RSA 暗号の導入，数と式について学びます。本章の後半 1.5 節からは，中学校から高等学校までの整数の知識の復習です。

1.1 RSA 暗号の導入

暗号（cryptography）とは

> 送信者が，伝えたい大事な情報（メッセージ）を第三者には内容が知られないように（秘匿）し，正規の受信者だけが解読できるようにする秘匿通信の手段

のことである。ここで，元のメッセージを**平文**（plaintext），第三者に秘匿する形にしたメッセージを**暗号文**（cryptogram），平文を暗号文に変換する過程を**暗号化**（encryption），その逆の暗号文を平文に変換する過程を**復号**（decryption）という。

優れた暗号の条件は

- 当事者以外の第三者に解読が困難
- 汎用性が高い（一つの方法でさまざまな情報に使える）

である。

1.2 暗 号 の 歴 史

　最古の暗号は，紀元前 3000 年ごろと推定される古代エジプトで用いられていた象形文字であるヒエログリフといわれている。ヒエログリフの解読のきっかけは，1799 年 7 月に発見された「ロゼッタストーン」と呼ばれる石碑である。

　紀元前 6 世紀ごろには，古代ギリシャの都市国家のスパルタでは，「**スキュタレー暗号**」が使用されていた。このスキュタレー暗号の「スキュタレー」とは，暗号文を作る際に用いられた太さの一様な棒のことである。送信者は革ひもを棒に沿って巻き，棒に沿って文字を書く。革ひもを受け取った受信者は，送信者が使った棒と同一な直径の棒に革ひもを巻き付けると解読できる。この暗号では，棒の直径が鍵となる。

　古代の暗号で最も有名なのが，紀元前 1 世紀ごろの古代ローマで Julius Caesar（古典ラテン語ではユリウス　カエサル，英語読みではジュリアス　シーザー）が使ったとされる「**シーザー暗号**」である。暗号文は，元の文章のアルファベットをあらかじめ決められた文字数だけずらして暗号文を作成する。この何文字ずらすかが暗号鍵となる。この方式の暗号化法を**換字式暗号方式**と呼ぶ。例えば，3 文字ずらす場合，A → D, B → E, C → F, $\cdots$, W → Z, X → A, Y → B, Z → C という変換を行う。送りたい文章の平文：DOG では，暗号文：GRJ となる。

1.3 共 通 鍵 暗 号

1.3.1　共通鍵暗号とは

　データの暗号化と復号に同じ鍵を使う暗号方式のことで，**秘密鍵暗号**（secret key cryptography）ともいう。共通鍵は一般的に暗号の送信者が作成し，暗号文とともに，または別の手段を用いて受信者に送信する。共通鍵暗号の概念を図 **1.1** に示す。

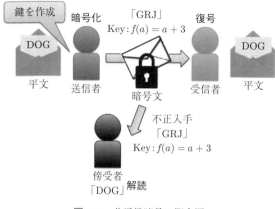

図 1.1　共通鍵暗号の概念図

1.3.2　共通鍵暗号の弱点とその対策

共通鍵暗号（common key cryptography）では，共通鍵が盗まれると暗号が解読されてしまう。そのため，どのように安全な方法で相手へ秘密の鍵を伝えるかが問題である。また，送信相手が多くなるほど危険性も高まる。その弱点の対策として考えられたのが，「鍵を送らなくてよい」公開鍵暗号である。

1.4　公 開 鍵 暗 号

1.4.1　公開鍵暗号とは

公開鍵暗号（public key cryptography）とは，ペアとなる二つの鍵を用いて，データの暗号化と復号を行う暗号方式のことである。この方式では，鍵は一般的に暗号の受信者が作成する。受信者は**暗号化鍵**と**復号鍵**のペアを作成して，復号鍵を厳重に管理する（そのため，復号鍵は**秘密鍵**とも呼ばれる）。そして，もう一方の暗号化鍵は広く他人に公開する（そのため，**公開鍵**とも呼ばれる）。この公開鍵で暗号化されたデータはペアとなる秘密鍵でしか復号できない。この方式では，復号鍵を送受信する必要がないため安全性が高い。公開鍵暗号の概念を図 **1.2** に示す。

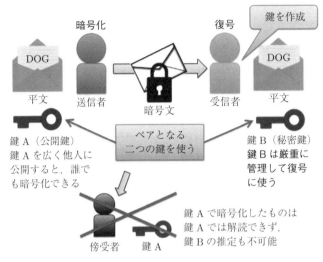

図 **1.2**　公開鍵暗号の概念図

1.4.2　原　　　　理

公開鍵暗号において，暗号化鍵，復号鍵，平文，暗号文との関係を**図 1.3** に示す。

┌─ 公開鍵暗号の原理 ──────────────────

・暗号化鍵（公開鍵）　　≠　　復号鍵（秘密鍵）

・平文 ⊗ 公開鍵　　　　=　　暗号文

・暗号文 ⊗ 公開鍵　　　≠　　平文

・暗号化鍵（公開鍵）　から　復号鍵（秘密鍵）の推定が困難

・暗号文 ⊗ 秘密鍵　　　=　　平文

ただし，⊗ は暗号化や復号過程の演算子を表すものとする。

図 **1.3**　公開鍵暗号の原理

1.4.3　RSA　暗　号

RSA 暗号は，1977 年に MIT（マサチューセッツ工科大学）の Ronald L. Rivest, Adi Shamir, Leonald Adleman により発明された。RSA 暗号は，最

も古くからある，最も有名な公開鍵暗号である。その信頼性は，大きな素数の**素因数分解**（prime factorization）の困難さに基づいている。

表 1.1 に示す RSA 暗号の手順は，鍵を生成する過程，平文からの RSA 暗号化して暗号文を求める過程，そして，暗号文を解読して元の平文を求める過程の (1) から (5) となる。表 1.1 の (1) から (5) の意味や計算方法は，次章から詳細に解説を行う。そして，最終章の 7 章では，RSA 暗号の原理とその実際の処理手順を学ぶ。

表 1.1 RSA 暗号の手順と必要な知識

RSA 暗号の手順		必要な知識
（1） $n = p \times q$ ただし，p, q は相異なる奇素数		素数（6.1 節）
（2） $\mathrm{GCD}(e, \varphi(n)) = (e, \varphi(n)) = 1$ となる e を求める		オイラーの関数（6.2 節）
（3） $ed \equiv 1 \pmod{\varphi(n)}$ を満たす d を求める n, e を公開鍵，d を秘密鍵とする		一次合同式の解法（5.5.5 項）
（4） $A \xrightarrow{\text{暗号化}} A'$, $A' \equiv A^e \pmod{n}$ （5） $A' \xrightarrow{\text{復号}} A$, $A \equiv (A')^d \pmod{n}$	$A^{ed} \equiv A \pmod{n}$	フェルマーの小定理（6.3.1 項） ◊なぜ，$A^{ed} \equiv A \pmod{n}$ が成立する？
ただし，A : 平文，A' : 暗号文		$\Longrightarrow$ 定理 6.14（6.3.2 項）

注）奇素数：2 以外の素数

表 1.1 において，n, e が暗号化鍵となり，公開してもよいので公開鍵となる。また，p, q, e から求まる d が復号鍵となり，秘密にしておくので秘密鍵となる。なお，表 1.1 は，6 章の「RSA 暗号の手順のまとめ」に掲載の表 6.1 と同じである。

1.5 数 と 式

1.5.1 自 然 数

日常使われる数というのは物の数 $1, 2, 3, \cdots$ であり，**計量数**または**集合数**（cardinal number）である。また数は順序 $1, 2, 3, \cdots$ を示す**順序数**（ordinal number）である。正の整数を**自然数**[†]（natural number）という。

$$\mathbb{N} = \{1, 2, 3, \cdots\}$$

1.5.2 整　　　数

整数（integer）とは，正および負の整数と 0（零）を総称していう。

$$\mathbb{Z} = \{\cdots, -3, -2, -1, 0, 1, 2, 3, \cdots\}$$

整数の**和**（sum），**差**（difference），**積**（product）は整数となる（整数の集合は**加法**（addition）＋，**減法**（subtraction）−，**乗法**（multiplication）× に関して閉じている）。

一方，整数の**商**（quotient）は特別な場合を除き整数ではない（整数の集合は**除法**（division）÷ に関して閉じていない）。

1.5.3 倍　数　と　約　数

定義 1.1　（約数と倍数）　整数 a, b に対して，$b \neq 0$ のとき，ある整数 q により

$$a = b \times q \qquad a, b, q \in \mathbb{Z}, \ b \neq 0 \tag{1.1}$$

式 (1.1) が成り立つとき，a は b で割り切れる，b は a を整除するという。a を b の**倍数**（multiple），b を a の**約数**（divisor）あるいは**因数**（factor）という。

ここで，新しい記号を導入する。

$$b \mid a \iff a は b で割り切れる，商 \frac{a}{b} が整数 q に等しい$$

[†]　本書では，0 を巻末の引用・参考文献 1) に従って自然数には含めない。しかし，0 を自然数に含めて議論する場合もある。

例えば，$3 \mid 12 \Longleftrightarrow a = 12$ は $b = 3$ で割り切れる，$b = 3$ は $a = 12$ を整除する。

$$\text{商}\ \frac{a}{b} = \frac{12}{3}\ \text{が，整数}\ q = 4\ \text{に等しい}$$

定義 1.1 に関して $a = b \times q\ (b \neq 0)$ からつぎのことがいえる。

（1） $a = 0$（零）は任意の整数 $b\ (\neq 0)$ の倍数である。$q = 0$ に相当する。

（2） 任意の整数 $b\ (\neq 0)$ は $a = 0$（零）の約数である。$q = 0$ に相当する。

（3） $|a| < |b|$ で a が b で割り切れるとき $a = 0$ である。

$$(|a| < |b| \ \wedge \ b \mid a \ \longrightarrow \ a = 0)$$

$$\left(\because \ \left|\frac{a}{b}\right| < 1\ \text{が整数である（割り切れる）} \ \longrightarrow \ a = 0\right)$$

定理 1.1 （整数の線形結合の性質）　　整数 a_1, a_2 がある整数 b の倍数ならば，a_1, a_2 の**線形（一次）結合**（linear combination）も整数 b の倍数である。

$$b \mid a_1, \quad b \mid a_2 \ \longrightarrow \ b \mid (c_1 a_1 + c_2 a_2) \qquad c_1, c_2 \in \mathbb{Z} \qquad (1.2)$$

例えば，$a_1 = 12,\ a_2 = 18,\ b = 6$ とすると，$6 \mid 12,\ 6 \mid 18$ となり，その線形結合は

$$c_1 \times 12 + c_2 \times 18 = 6(2c_1 + 3c_2) \qquad c_1, c_2 \in \mathbb{Z}$$

となり，6 の倍数となっている。

証明　　仮定より $a_1 = b \cdot q_1, a_2 = b \cdot q_2\ (q_1, q_2$ は整数) とおける。

　　線形結合 $c_1 a_1 + c_2 a_2 = c_1 \times b \cdot q_1 + c_2 \times b \cdot q_2 = b(c_1 q_1 + c_2 q_2)$

　　$\therefore \ b \mid (c_1 a_1 + c_2 a_2)$

　　$(\because$ 　整数の集合は加法 $+$，乗法 $\times$ に関して閉じている)　　　　　　$\square$[†]

定理 1.1 を一般化すると

[†]　$\square$ は証明の終わりを示す。

$$b \mid a_i \quad (i = 1, 2, \cdots, n) \quad \longrightarrow \quad b \,\Big|\, \sum_{i=1}^{n} c_i a_i \tag{1.3}$$

ただし，$b, a_i, c_i (i = 1, 2, \cdots, n) \in \mathbb{Z}$

参考 1.1　（線形結合とは）　　有限個の変数（あるいは関数）$x_1, x_2, \cdots, x_i,$ $\cdots, x_k$ に対して

$$c_1 x_1 + c_2 x_2 + \cdots + c_i x_i + \cdots + c_k x_k \qquad c_i \in \mathbb{R}, \ i = 1, 2, \cdots, k$$

を $x_1, x_2, \cdots, x_i, \cdots, x_k$ の線形（一次）結合という。

例題 1.1　つぎの数値 c の倍数 a と約数 b を $-20 \leqq a, b \leqq 20$ の範囲で求めなさい。ただし，$c = 9, -8, 0, \ a, b \in \mathbb{Z}$ とする。

【解答】　定義 1.1 の $a = b \times q$ の b に c を代入すると倍数 a が，a に c を代入すると約数 b が求まる。

（1）　$c = 9$　　倍数 $a = -18, -9, 0, 9, 18$

　　　　　　　　　　（$a = 9 \times q, \ q = -2, -1, 0, 1, 2$ のとき　$-20 \leqq a \leqq 20$）

　　　　　　　　約数 $b = -9, -3, -1, 1, 3, 9$

　　　　　　　　　　（$b = \dfrac{9}{q}, \ q = -1, -3, -9, 9, 3, 1$ のとき　$-20 \leqq a \leqq 20$）

（2）　$c = -8$　　倍数 $a = -16, -8, 0, 8, 16$

　　　　　　　　　約数 $b = -8, -4, -2, -1, 1, 2, 4, 8$

（3）　$c = 0$　　倍数　　定義外

　　　　　　　　　　（$\because$　$b \neq 0$ のときにしか倍数が定義されていないから）

　　　　　　　　約数 $b = -20, -19, -18, \cdots, -3, -2, -1, 1, 2, 3, \cdots, 18, 19, 20$

　　　　　　　　　　（$\because$　0 以外の任意の整数 b は $a = 0$ の約数だから）

　　　　　　　　　　　　　　　　　　　　　　　　　　　　　　　　　　$\diamondsuit^{\dagger}$

$\dagger$　　$\diamondsuit$ は解答の終わりを示す。

定理 1.2 （整数の商と余り） 任意の整数 a, b （ただし， $b \neq 0$）に対し

$$a = b \times q + r \qquad \text{ただし，} 0 \leqq r < |b| \tag{1.4}$$

を満足させる整数 q, r がただ 1 組に限って存在する。a を b で割ったとき
の， q を**商**， r を**余り**（remainder）と呼ぶ。

証明 方針： $b > 0$ のときと， $b < 0$ のときに分けて行う。

(a) $b > 0$ のとき

b の倍数を小さいものから順番に並べる（b の倍数で数直線をきる）。

$$\cdots, -3b, -2b, -b, 0, b, 2b, 3b, \cdots$$

すると，どのような整数 b に対しても

$$bq \leqq a < b(q + 1)$$

となる整数 q が必ず一つ存在する（自然数は順序数）。すなわち

$$bq - bq \leqq a - bq < b(q + 1) - bq \implies 0 \leqq a - bq < b$$

ここで， $a - bq = r$ とおくと

$$\therefore \quad a = b \times q + r \qquad 0 \leqq r < b$$

(b) $b < 0$ のとき

b の倍数を小さいものから順番に並べる（b の倍数で数直線をきる）。

$$\cdots, 3b, 2b, b, 0, -b, -2b, -3b, \cdots$$

すると，どのような整数 b に対しても

$$bq \leqq a < b(q - 1)$$

となる整数 q が必ず一つ存在する。すなわち

$$bq - bq \leqq a - bq < b(q - 1) - bq \implies 0 \leqq a - bq < -b$$

ここで， $a - bq = r$ とおくと

$$\therefore \quad a = b \times q + r \qquad 0 \leqq r < -b = |b|$$

(c) 唯一性の証明

式 (1.4) を満足させる整数 q, r の組が 2 組存在したとする。このとき，
$q > q'$, $r \neq r'$ とする。

$$a = bq + r \qquad 0 \leqq r < |b| \tag{1.5}$$

$$a = bq' + r' \qquad 0 \leqq r' < |b| \tag{1.6}$$

式 (1.5) − 式 (1.6) より

$$(q - q')b + r - r' = 0 \iff (q - q')b = r' - r$$

となる。$q > q'$ より，両辺の絶対値をとると $(q - q')|b| = |r' - r|$ となり，$|r' - r|$ は $|b|$ の倍数である。

  i.e. $|b| \mid |r' - r|$

一方，$0 \leqq r < |b|$，$0 \leqq r' < |b|$ より $|r' - r| < |b|$ である。

{ 零 (0) は零でない任意の整数 $|b|$ の倍数である }$\wedge$\{$|r'-r|$ は $|b|$ の倍数である }

$$\Updownarrow$$

$$r' - r = 0$$

仮定した $r \neq r'$ に矛盾する。

  $\therefore$ ただ1組のみ存在する。 $\square$

例題 1.2 $a = b \times q + r$，$0 \leqq r < |b|$ について，$a = 9$ をさまざまな $b \in \mathbb{Z}$ で割ったときの商 q と余り r を求めなさい。

【解答】 $-5 \leqq b \leqq 10$ の範囲の q と r の値を**表 1.2** に示す。

表 1.2 $a = 9$ を b で割るときの商 q と余り r

b	$\cdots$	-5	-4	-3	-2	-1	1	2	3	4	5	6	7	8	9	10	$\cdots$
q	$\cdots$	-1	-2	-3	-4	-9	9	4	3	2	1	1	1	1	1	0	0
r	$\cdots$	4	1	0	1	0	0	1	0	1	4	3	2	1	0	9	9

例えば，$b = -10$ のとき

$$a = b \times q + r$$
$$9 = -10 \times q + r$$
$$\therefore \quad r = 9 + 10q$$

$$0 \leqq r = 9 + 10q < |b| = 10$$
$$-9 \leqq 10q < 1$$
$$-0.9 = \frac{-9}{10} \leqq q < \frac{1}{10} = 0.1$$
$$\therefore \quad q = 0, \quad r = 9$$

例えば，$b = -5$ のとき

$$a = b \times q + r$$
$$9 = -5 \times q + r$$
$$\therefore \quad r = 9 + 5q$$

$$0 \leqq r = 9 + 5q < |b| = 5$$

$$-9 \leqq 5q < -4$$

$$-1.8 = \frac{-9}{5} \leqq q < \frac{-4}{5} = -0.8$$

$$\therefore \quad q = -1, \quad r = 4$$

例えば，$b = -2$ のとき

$$a = b \times q + r$$

$$9 = -2 \times q + r$$

$$\therefore \quad r = 9 + 2q$$

$$0 \leqq r = 9 + 2q < |b| = 2$$

$$-9 \leqq 2q < -7$$

$$-4.5 = \frac{-9}{2} \leqq q < \frac{-7}{2} = -3.5$$

$$\therefore \quad q = -4, \quad r = 1$$

例えば，$b = 2$ のとき

$$a = b \times q + r$$

$$9 = 2 \times q + r$$

$$\therefore \quad r = 9 - 2q$$

$$0 \leqq r = 9 - 2q < |b| = 2$$

$$-9 \leqq -2q < -7$$

$$9 \geqq 2q > 7$$

$$4.5 = \frac{9}{2} \geqq q > \frac{7}{2} = 3.5$$

$$\therefore \quad q = 4, \quad r = 1 \qquad\qquad\qquad \diamondsuit$$

章 末 問 題

【**1**】 つぎの式 (1)～(5) のうち，成立する番号を選びなさい。

    (1) $3 \mid 6$

    (2) $8 \mid 2$

    (3) $5 \mid 11$

    (4) $a, b, r \in \mathbb{N}, k_1, k_2 \in \mathbb{Z}$ のとき，$r \mid a \wedge r \mid b \longrightarrow r \mid (k_1 a - k_2 b)$

    (5) $a, b, r \in \mathbb{N}, k_1, k_2 \in \mathbb{Z}$ のとき，$r \mid a \wedge 2r \mid b \longrightarrow 2r \mid (k_1 a + k_2 b)$

【**2**】 6 の約数をすべて求めなさい。

【**3**】 6 の約数 a を $a \in \mathbb{N}$ の範囲ですべて求めなさい。

【**4**】 6 の倍数を絶対値 20 以下の範囲ですべて求めなさい。

【**5**】 任意の整数 a, b（ただし，$b \neq 0$）に対する，商と余りに関する定理 1.2 を基に，つぎの割り算の商 q と余り r を求めなさい。

    (1) 23 を 7 で割る

    (2) -15 を 7 で割る

    (3) 0 を 7 で割る

    (4) 15 を -7 で割る

【**6**】 41 を b で割ると余り $r = 5$ となるすべての整数 b を求めなさい。

【**7**】 $1 \leqq k \leqq 100, k \in \mathbb{N}$ である。$3 \mid k \wedge 4 \nmid k$ となる k の総個数 n を求めなさい。

2

最小公倍数と最大公約数
—— 整数の組に共通性を探す ——

2章では，1章に引き続き，高校までの復習を兼ねて，4章の一次不定方程式，5章の合同式を解くのに重要なキーワードとなる最小公倍数と最大公約数について学びます。

2.1　最 小 公 倍 数

公倍数（common multiple）と最小公倍数（LCM : least common multiple）は，以下のように定義されている。

定義 2.1　（公倍数と最小公倍数）

- 公倍数：二つ以上の整数 $a, b, c, \cdots$ に共通な倍数
- 最小公倍数：正の公倍数の中で最小のもの

なお，最小公倍数は，以下の記号を用いて表す。

最小公倍数の記号：[ ]，LCM( )

例えば，2数 a, b の最小公倍数は $[a, b]$，あるいは LCM(a, b) と表記する。ここで，定義 1.1 から得られた「(1)　0（零）は任意の整数 b $(\neq 0)$ の倍数である」より，0 はすべての整数の組に対して公倍数となる。

例題 2.1　12 と 18 の倍数，公倍数，最小公倍数を求めよ。

【解答】
（1） 12 の倍数　　　　　　　：　$\cdots, \underline{-72}, -60, -48, \underline{-36}, -24, -12, \underline{0}, 12, 24,$
　　　　　　　　　　　　　　　　　$\underline{36}, 48, 60, \underline{72}, \cdots$
（2） 18 の倍数　　　　　　　：　$\cdots, \underline{-72}, -54, \underline{-36}, \underline{0}, \underline{36}, 54, \underline{72}, \cdots$
（3） 12 と 18 の公倍数　　　：　$\cdots, -72, -36, 0, \underset{\sim}{36}, 72, \cdots$
（4） 12 と 18 の最小公倍数　：　36
したがって，LCM$(12, 18) = 36$ と書くか，あるいは単に $[12, 18] = 36$ と書く。
◇

2.2 最 大 公 約 数

公約数（common divisor）と**最大公約数**（GCD：great common divisor）
は，以下のように定義されている。

定義 2.2　（公約数と最大公約数）

- 公約数：二つ以上の整数 $a, b, c, \cdots$ に共通な約数。公約数は絶対値
  において $a, b, c, \cdots$ より大きくなることはない。

- 最大公約数：公約数の中で最も大きいもの。

なお，最大公約数は，以下の記号を用いて表す。

　　最大公約数の記号：( )，GCD( )

例えば，2 数 a, b の最大公約数は (a, b)，あるいは GCD(a, b) と表記する。

例題 2.2　12 と 18 の約数，公約数，最大公約数を求めよ。

【解答】
（1） 12 の約数　　　　　：　$-12, \underline{-6}, -4, \underline{-3}, \underline{-2}, \underline{-1}, \underline{1}, \underline{2}, \underline{3}, 4, \underline{6}, 12$
（2） 18 の約数　　　　　：　$-18, -9, \underline{-6}, \underline{-3}, \underline{-2}, \underline{-1}, \underline{1}, \underline{2}, \underline{3}, \underline{6}, 9, 18$
（3） 12 と 18 の公約数　：　$-6, -3, -2, -1, 1, 2, 3, \underset{\sim}{6}$

（4）　12 と 18 の最大公約数 　：　6
したがって，GCD$(12, 18) = 6$ と書くか，あるいは単に $(12, 18) = 6$ と書く。
◇

また，**互いに素**（relatively prime, coprime）とは，以下のように定義され
ている。

定義 2.3　（**互いに素**）　　互いに素とは二つの整数 a, b が 1 以外に共通の
約数をもたないときの 2 数の関係をいう。

$$\mathrm{GCD}(a, b) = (a, b) = 1$$

2.3　最小公倍数，最大公約数に関するおもな定理

最小公倍数の定義 2.1 から導き出される，公倍数と最小公倍数との関係を表
す定理を以下に示す。

定理 2.1　（**公倍数と最小公倍数の関係**）　　二つ以上の整数 $a_1, a_2, a_3,$
$\cdots$ の公倍数 m は，最小公倍数 l の倍数である。

$$l \mid m \tag{2.1}$$

$\boxed{\text{証明}}$　二つ以上の整数 $a_1, a_2, a_3, \cdots$ の最小公倍数 $[a_1, a_2, a_3, \cdots] = l,$ m は
公倍数である。

$$a_1 \mid m, \quad a_2 \mid m, \quad a_3 \mid m, \quad \cdots$$

とすると，定理 1.2 より，$m = lq + r \quad (0 \leqq r < l)$ なる q, r の組が存在する。
したがって

$$r = m - ql \tag{2.2}$$

　・m, l は a_1 の倍数　$\longrightarrow$　式 (2.2) より r は a_1 の倍数

（定理 1.1 より $a_1 \mid m \wedge a_1 \mid l \longrightarrow a_1 \mid r = m - ql$）

・m, l は a_2 の倍数 $\longrightarrow$ 式 (2.2) より r は a_2 の倍数

（定理 1.1 より $a_2 \mid m \wedge a_2 \mid l \longrightarrow a_2 \mid r = m - ql$）

・m, l は a_3 の倍数 $\longrightarrow$ 式 (2.2) より r は a_3 の倍数

（定理 1.1 より $a_3 \mid m \wedge a_3 \mid l \longrightarrow a_3 \mid r = m - ql$）

$$\vdots$$

$\therefore$ r は $a_1, a_2, a_3, \cdots$ の倍数 $\implies$ r は $a_1, a_2, a_3, \cdots$ の公倍数

$\implies$ $r = 0$（0 は任意の整数の公倍数）$\vee$ $l \leqq r$

一方, l は $a_1, a_2, a_3, \cdots$ の公倍数の中で最小のもの（$l = [a_1, a_2, a_3, \cdots]$）。仮定から, $0 \leqq r < l$ より $r = 0$（$\because$ 0 は任意の整数の倍数）

$i.e.$ $m = lq$ □

つぎに, 最大公約数の定義 2.2 から導き出される, 公約数と最大公約数との関係を表す定理を以下に示す。

定理 2.2 （公約数と最大公約数の関係） 二つ以上の整数 $a_1, a_2, a_3, \cdots$ の公約数 d は, 最大公約数 g の約数である。

$$d \mid g \tag{2.3}$$

証明 二つ以上の整数 $a_1, a_2, a_3, \cdots$ の最大公約数 $(a_1, a_2, a_3, \cdots) = g$, 公約数 d である。

$d \mid g \iff [d, g] = g$ を示せば十分

（$\because$ $d \mid g \longrightarrow g = dq \longrightarrow [d, g] = [d, dq] = dq = g$）

◎ d と g の最小公倍数 $[d, g] = l$ とする。

・$\underline{a_1}$ は d の倍数であり，g の倍数　$\longrightarrow$　a_1 は d と g の公倍数

$$(d \mid a_1 \wedge g \mid a_1)$$

$\Longrightarrow$　定理 2.1 より $\underline{a_1}$ は d と g の最小公倍数 l の倍数：

$$l \mid \underline{a_1} \text{ であり，} l \text{ は } \underline{a_1} \text{ の約数}$$

・$\underline{\underline{a_2}}$ は d の倍数であり，g の倍数　$\longrightarrow$　a_2 は d と g の公倍数

$$(d \mid a_2 \wedge g \mid a_2)$$

$\Longrightarrow$　定理 2.1 より $\underline{\underline{a_2}}$ は d と g の最小公倍数 l の倍数：

$$l \mid \underline{\underline{a_2}} \text{ であり，} l \text{ は } \underline{\underline{a_2}} \text{ の約数}$$

・$\underset{\cdots}{a_3}$ は d の倍数であり，g の倍数　$\longrightarrow$　a_3 は d と g の公倍数

$$(d \mid a_3 \wedge g \mid a_3)$$

$\Longrightarrow$　定理 2.1 より $\underset{\cdots}{a_3}$ は d と g の最小公倍数 l の倍数：

$$l \mid \underset{\cdots}{a_3} \text{ であり，} l \text{ は } \underset{\cdots}{a_3} \text{ の約数}$$

以下，同様の議論で l は $a_1, a_2, a_3, \cdots$ の公約数となる。

　　$\therefore$　公約数の中の最大のものが最大公約数 g なので

$$l \leqq g = (a_1, a_2, a_3, \cdots) \tag{2.4}$$

一方，d と g の最小公倍数が l なので，l は g の倍数となる。

　　$\therefore$　$(a_1, a_2, a_3, \cdots) = g \leqq l$ $\tag{2.5}$

式 (2.4) と式 (2.5) より $l = g$ となり $[d, g] = g$ となる。

　　$\therefore$　$d \mid g$ 　　　　　　　　　　　　　　　　$\square$

そして，最小公倍数と最大公約数との関係を表す定理を以下に示す。

定理 2.3　（**最小公倍数と最大公約数の関係**）　　整数 a, b の最小公倍数 $[a, b] = l$，最大公約数 $(a, b) = g$ とすると

$$a \times b = l \times g \tag{2.6}$$

となる。

証明　a, b の最大公約数 $(a, b) = g$ より

$a = a'g$ 　　$(a', b' \in \mathbb{Z})$

$b = b'g$ 　　ただし，$(a', b') = 1$ 　（a' と b' が互いに素）

a, b の最小公倍数 $[a, b] = l$ より

$$l = aa'' \tag{2.7}$$

$$l = bb'' \qquad (a'', b'' \in \mathbb{Z}) \tag{2.8}$$

ここで

$$k = a'b'g \tag{2.9}$$

を考える。

$$\left. \begin{array}{lll} k = a'b'g = (a'g)b' = ab' & \longrightarrow & a \mid k \\ k = a'b'g = a'(b'g) = a'b & \longrightarrow & b \mid k \end{array} \right\} \quad \therefore \quad k \ \text{は}\ a, b \ \text{の公倍数}$$

定理 2.1 より公倍数 k は最小公倍数 l の倍数 $\longrightarrow$ $l \mid k$

$k = lk'$ $(k' \in \mathbb{Z})$ とおくと

$$k = lk' = ab' \tag{2.10}$$

$$k = lk' = a'b \tag{2.11}$$

一方, l は a, b の最小公倍数なので, 式 (2.7), (2.8) をそれぞれ式 (2.10), (2.11) に代入すると

$$\left. \begin{array}{lll} k = lk' = aa''k' = ab' & \longrightarrow & a''k' = b' \\ k = lk' = bb''k' = a'b & \longrightarrow & b''k' = a' \end{array} \right\} \quad \therefore \quad k' \ \text{は}\ a', b' \ \text{の公約数}$$

となり, $(a', b') = 1$ より

$$k' = 1 \tag{2.12}$$

$$\therefore \quad k = l$$

式 (2.9) より

$$k = a'b'g = l \ (\text{最小公倍数}) \tag{2.13}$$

となり, 両辺に g を掛ける $\iff$ $(a'g)(b'g) = lg$

$$\therefore \quad a \times b = l \times g \qquad\qquad \Box$$

さらに, 以下の定理も導出される。

定理 2.4 （互いに素な数の性質）　　整数 n, a, b があり, $(n, a) = 1$ かつ $n \mid ab$ ならば

$$n \mid b$$

となる。

証明 $(n, a) = 1$ とは n, a が互いに素 $\longrightarrow$ $[n, a] = na$

仮定より $n \mid ab$ である（ab は n の倍数）。当然，$a \mid ab$ である（ab は a の倍数）。

$$\therefore \quad ab \text{ は } n \text{ の倍数であり，} a \text{ の倍数} \iff ab \text{ は } n, a \text{ の公倍数}$$

n と a の最大公約数 $g = (n, a) = 1$ なので定理 2.3 の式 (2.6) より，最小公倍数 $l = [n, a]$ とすると

$$n \times a = g \times l = l = [n, a]$$

となる。

定理 2.1 より，公倍数は最小公倍数の倍数であることより $[n, a] = na$ なので，n, a の公倍数 ab は $[n, a] = na$ の倍数となる。したがって

$$na \mid ab \iff ab = na \times q$$

$$\therefore \quad n \mid b \qquad\qquad\qquad\qquad\qquad\qquad\qquad \square$$

例題 2.3 定理 2.3 と定理 2.4 について，$a = 30$，$b = 42$ の場合について，検証しなさい。定理 2.4 については，あてはまる n の値も求めなさい。

【解答】 $a = 30 = \underset{\cdots}{2 \times 3} \times \underline{5}$，$b = 42 = \underset{\cdots}{2 \times 3} \times \underline{\underline{7}}$ となり，定理 2.3 について調べる。

最大公約数 $g = (30, 42) = \underset{\cdots}{2 \times 3} = 6$

最小公倍数 $l = [30, 42] = \underset{\cdots}{2 \times 3} \times \underline{5} \times \underline{\underline{7}} = 210$

$$g \times l = (\underset{\cdots}{2 \times 3}) \times (\underset{\cdots}{2 \times 3} \times \underline{5} \times \underline{\underline{7}})$$

$$= (\underset{\cdots}{2 \times 3} \times \underline{5}) \times (\underset{\cdots}{2 \times 3} \times \underline{\underline{7}}) = 30 \times 42 = a \times b = 1\,260$$

となり，$g \times l = a \times b$ となる。

$$\left(\begin{array}{l} \text{ここで，} a = g \times a' = 6 \times a' = 30 \quad \longrightarrow \quad a' = \underline{5} \\ \qquad\quad b = g \times b' = 6 \times b' = 42 \quad \longrightarrow \quad b' = \underline{\underline{7}} \\ \text{したがって，} (a', b') = (5, 7) = 1 \text{ となり，互いに素である。} \end{array} \right)$$

定理 2.4 について調べる。

題意から

$$(n, a) = (n, 30) = g = 1$$

となり，n と a は互いに素となる。したがって

$$[n, a] = n \times a = n \times \underset{\cdots}{2 \times 3} \times 5$$

となる。

(∵ 定理 2.3 の式 (2.6) より

n と a の最大公約数 $g = (n, a) = (n, 30) = 1$

最小公倍数 $l = [n, a] = [n, 30]$ とすると

$n \times a = g \times l = l$

となる。)

$n \mid a \times b = 30 \times 42 = (2 \times 3)^2 \times 5 \times 7$

$\longrightarrow \quad n \mid a \times b \ \wedge (\text{かつ}) \ a \mid a \times b$

したがって，$a \times b = (2 \times 3)^2 \times 5 \times 7$ は，$\underset{=}{n}$ と $a = 30 = 2 \times 3 \times 5$ の公倍数である。

公倍数： $a \times b = (2 \times 3)^2 \times 5 \times 7$ は

$\underset{=}{n}$ と $a = 2 \times 3 \times 5$ の最小公倍数 $[n, a] = n \times a$ の倍数

∴ $\underline{n \times a} \mid a \times b \iff n \times 2 \times 3 \times 5 \mid (2 \times 3 \times 5) \times (2 \times 3 \times 7)$

したがって，$n \mid b \ (= 2 \times 3 \times 7)$ となり，$n = 1$ か 7 となる。   ◇

章 末 問 題

【1】 つぎの数の組の絶対値を付けたときの最小のものから 3 個までの公倍数と，すべての公約数を求めなさい。そして，最小公倍数と最大公約数も求めなさい。

(1) 24 と 42

(2) 60 と 150

(3) 5 と 11

(4) 3 と 7 と 11

(5) 30 と 70 と 105

【2】 つぎの数の組の最大公約数と最小公倍数を求めなさい。

(1) 60 と 105

(2) 462 と 2 145

【3】 つぎの数の組の最大公約数と最小公倍数を求めなさい。

(1) 3 と 11 と 17

(2) 12 と 24 と 132

【4】 $a, b, c \in \mathbb{Z}, \ c \mid b, \ b \mid a$ ならば

$c \mid a$

となることを示しなさい。

【5】 整数 a, b の最小公倍数 $[a, b] = l$, 最大公約数 $(a, b) = g$ とすると

$$a \times b = l \times g$$

となることを証明しなさい。

【6】 整数 n, a, b があり, $(n, a) = 1$ かつ $n \mid ab$ ならば

$$n \mid b$$

となることを証明しなさい。

3

ユークリッドの互除法
── 最大公約数を効率的に求める ──

3章では，古代ギリシャの数学者 ユークリッドにより編纂された原論（Elements）（ユークリッド原論とも呼ばれる）にも出ている最大公約数を効率的に求めることのできるユークリッドの互除法について学びます。このアルゴリズムは，4章で学ぶ一次不定方程式の解法アルゴリズム 4.1（拡張ユークリッドの互除法アルゴリズム）につながります。

3.1　ユークリッドの互除法とは

ユークリッドの互除法（Euclidean algorithm）とは，二つの自然数の**最大公約数**を効率的に求めることができるアルゴリズムである。ユークリッドの互除法の原理とアルゴリズムは，3.2節以降で学ぶ。

その前に，最大公約数を求める方法について，2章までの知識による解法と，これから学ぶユークリッドの互除法による解法との違いを，つぎの例題で確認する。

例題 3.1　つぎの自然数 a, b の最大公約数を求めなさい。

（1）　$a = 144,\ b = 90$

（2）　$a = 322\,291^{\dagger}, b = 46\,561$

【解答】　（1）　$a = 144, b = 90$ のとき

解法 1：a, b の共通の因数を見つけていく。

$$
\begin{array}{r|rr}
2) & 144 & 90 \\ \hline
3) & 72 & 45 \\ \hline
3) & 24 & 15 \\ \hline
 & 8 \ \ = a' & 5 \ \ = b'
\end{array}
$$

$\longrightarrow (8, 5) = 1$ なので割り算は終了し，

左端縦方向と最下段横方向との積で

最小公倍数 $l = [144, 90]$

$\qquad\qquad = (2 \times 3 \times 3) \times 8 \times 5 = 720$

$\qquad (\because$ 式 (2.13) より，$l = ga'b')$

左端縦方向はすべての公約数なので

左端縦方向の積 = 最大公約数 $g = (144, 90) = 2 \times 3 \times 3 = 18$

解法 2：a, b を素因数分解（6 章 定義 6.2 参照）する。

$$a = 144 = 2^4 \times 3^2, \quad b = 90 = 2^1 \times 3^2 \times 5^1$$

最大公約数は共通の素因数で最小のべき乗のすべての積で求める。

最大公約数 $g = (144, 90) = 2^1 \times 3^2 = 18$

（2）　$a = 322\,291, b = 46\,561$ のとき

解法 3：ユークリッドの互除法アルゴリズム

共通の**因数**（common factor）を見つけるのが大変である。そこで，これから学ぶユークリッドの互除法アルゴリズム 3.1 で用いる式 (3.31)

$$r_{i-1} = r_i \cdot q_i + r_{i+1} \quad (i = 1, 2, \cdots)$$

の**漸化式**（recurrence formula, recurrence relation）を使ってみる。

$\dagger$　数値の 3 桁ごとの区切り記号には空白を用いる。詳細な意味は「凡例 (7)」を参照。

i	r_{i-1}	r_i	商 q_i	余り r_{i+1}
0		$r_0 = a$		$r_1 = b$
		322 291		46 561
1	$r_0 = a$	$r_1 = b$	q_1	r_2
	322 291 $=$	46 561 $\times$	6 $+$	42 925
2	r_1	r_2	q_2	r_3
	46 561 $=$	42 925 $\times$	1 $+$	3 636
3	r_2	r_3	q_3	r_4
	42 925 $=$	3 636 $\times$	11 $+$	2 929
4	r_3	r_4	q_4	r_5
	3 636 $=$	2 929 $\times$	1 $+$	707
5	r_4	r_5	q_5	r_6
	2 929 $=$	707 $\times$	4 $+$	101
6	r_5	r_6	q_6	r_7
	707 $=$	101 $\times$	7 $+$	0

← 余り $r_7 = 0$ の
直前の余り r_6 が
最大公約数 g

したがって

最大公約数 $g = (322\,291,\ 46\,561) = 101$

上記の表から，計算部分のみを抽出したものを下記に示す。

$$\text{商 } q \quad \text{余り } r$$
$$(a =)322\,291 = (b =)46\,561 \times \quad 6 \ + \ 42\,925$$
$$46\,561 = \quad 42\,925 \times \quad 1 \ + \ 3\,636$$
$$42\,925 = \quad 3\,636 \times \quad 11 \ + \ 2\,929$$
$$3\,636 = \quad 2\,929 \times \quad 1 \ + \ 707$$
$$2\,929 = \quad 707 \times \quad 4 \ + \ 101$$
$$707 = \quad 101 \times \quad 7 \ + \ 0$$

← 余り $r = 0$ の
直前の余り 101 が
最大公約数

◇

　この例題からわかるように，ユークリッドの互除法では，漸化式を繰り返し使うことにより，共通因数を見つけるのが困難な大きな数に対しても，機械的に最大公約数を求めることができる。

3.2 ユークリッドの互除法の原理

2 数の最大公約数を求めるユークリッドの互除法アルゴリズムの基本となる考え方を定理 3.1 に示す。

定理 3.1 （ユークリッドの互除法の原理）　　a, b を $a > b$ なる自然数とする。

a を b で割った商：q

a を b で割った余：r

$$a = bq + r \qquad 0 \leq r < b \tag{3.1}$$

$$(a, b) = (b, r) \tag{3.2}$$

この定理の図形的な意味を図 **3.1** に示す。$a > b$ のとき，a と b の最大公約数 g は a の約数であり，かつ，b の約数である。したがって，一辺 g の正方形

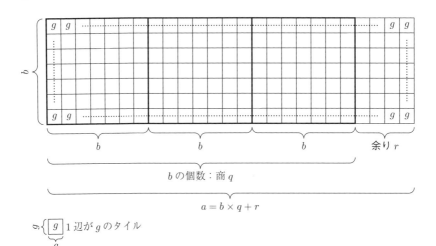

図 **3.1**　ユークリッドの互除法の概念

のタイルは，縦 $b \times$ 横 a の長方形を敷き詰めることのできる最大面積の正方形となっている。すると，余り r の部分を示す 縦 $b \times$ 横 r の長方形も一辺 g の正方形のタイルで敷き詰めることができる。これは，b と r の最大公約数は a と b の最大公約数と一致することを示している。すなわち

$$(a, b) = (b, r)$$

となっていることがわかる。

証明   図形的な解釈を念頭に，ユークリッドの互除法の原理を 2 通りの方法で証明する。

□ **定理 1.1 を用いる方法**

$$a = bq + r \tag{3.3}$$
$$0 \leqq r < b \tag{3.4}$$
$$a_1 = (a, b) \tag{3.5}$$
$$b_1 = (b, r) \tag{3.6}$$

とおく。式 (3.3) を変形して

$$r = a - bq \tag{3.7}$$

式 (3.5) より a, b は a_1 の倍数である。定理 1.1 より，a, b の線形結合である式 (3.7) も a_1 の倍数となる。

$$a_1|a, \quad a_1|b, \quad a_1|r \tag{3.8}$$
$$(\because \quad a = a_1q_1, b = a_1q_2 \quad \longrightarrow \quad r = a - bq = a_1(q_1 - q_2q))$$

式 (3.8) より a_1 は b, r の公約数であり，式 (3.6) より b_1 は b, r の最大公約数である。

$$\therefore \quad a_1 \leqq b_1 \tag{3.9}$$

一方，式 (3.6) より b, r は b_1 の倍数である。定理 1.1 より，b, r の線形結合である式 (3.3) も b_1 の倍数となる。

$$b_1|b, \quad b_1|r, \quad b_1|a \tag{3.10}$$
$$(\because \quad b = b_1q_3, r = b_1q_4 \quad \longrightarrow \quad a = bq + r = b_1(q_3q + q_4))$$

式 (3.10) より b_1 は a, b の公約数であり，式 (3.5) より a_1 は a, b の最大公約数である。

$$\therefore \quad b_1 \leqq a_1 \tag{3.11}$$

式 (3.9), (3.11) より

$$\therefore \quad a_1 = b_1 \iff (a, b) = (b, r) \tag{3.12}$$

□ 集合を使って証明する方法

a, b の公約数全体の集合　$D_{a,b}$

b, r の公約数全体の集合　$D_{b,r}$

（1）　a, b の公約数全体の集合 $D_{a,b}$ に注目したとき，b, r の公約数全体の集合 $D_{b,r}$ との包含関係を示す。

まず，集合 $D_{a,b}$ の任意の要素を d とする。つまり

$$\forall d \in D_{a,b} \tag{3.13}$$

とすると次式を満たす a', b' が存在する。

$$a = da' \tag{3.14}$$

$$b = db' \tag{3.15}$$

式 (3.1) を変形して，式 (3.14), (3.15) を代入すると

$$r = a - bq = da' - db'q = d(a' - b'q) \tag{3.16}$$

$$\text{式 (3.16) より } d \text{ は } r \text{ の約数}　\longrightarrow　d|r \tag{3.17}$$

$$\text{式 (3.15) より } d \text{ は } b \text{ の約数でもあった}　\longrightarrow　d|b \tag{3.18}$$

式 (3.17), (3.18) より d は b と r の公約数

$$\therefore\quad d \in D_{b,r} \tag{3.19}$$

式 (3.13), (3.19) より

$$D_{a,b} \subseteq D_{b,r} \tag{3.20}$$

（2）　b, r の公約数全体の集合 $D_{b,r}$ に注目したとき，a, b の公約数全体の集合 $D_{a,b}$ との包含関係を示す。

つぎに，集合 $D_{b,r}$ の任意の要素を d' とする。つまり

$$\forall d' \in D_{b,r} \tag{3.21}$$

とすると次式を満たす r'', b'' が存在する。

$$r = d'r'' \tag{3.22}$$

$$b = d'b'' \tag{3.23}$$

式 (3.1) に式 (3.22), (3.23) の関係を代入する。

$$a = bq + r = d'b''q + d'r'' = d'(b''q + r'') \tag{3.24}$$

$$\text{式 (3.24) より } d' \text{ は } a \text{ の約数}　\longrightarrow　d'|a \tag{3.25}$$

$$\text{式 (3.23) より } d' \text{ は } b \text{ の約数でもあった}　\longrightarrow　d'|b \tag{3.26}$$

式 (3.25), (3.26) より d' は a と b の公約数

$$\therefore\quad d' \in D_{a,b} \tag{3.27}$$

式 (3.21), (3.27) より

$$D_{b,r} \subseteq D_{a,b} \tag{3.28}$$

（3）　定理 3.1 を証明する。

最後に，(1) と (2) を用いて，定理 3.1 を証明する。

(1) から得られた式 (3.20)

$$D_{a,b} \subseteq D_{b,r}$$

と (2) から得られた式 (3.28)

$$D_{b,r} \subseteq D_{a,b}$$

より

$$\therefore \quad D_{a,b} = D_{b,r} \tag{3.29}$$

が得られる。　　　　　　　　　　　　　　　　　　　　　　　　　　□

定理 3.1 の集合的な意味は

「a, b の公約数全体の集合 $D_{a,b}$」＝「b, r の公約数全体の集合 $D_{b,r}$」

となる。

なお，この集合を使った証明の式 (3.29) は，図 3.1 において 1 辺が a, b の最大公約数 g の正方形のタイルは，1 辺がさらに小さい a, b の任意の公約数 d および b, r の任意の公約数 d' のタイルで敷き詰められていることを表している。つまり，$D_{a,b} = D_{b,r}$ から，a, b の任意の公約数 d も b, r の任意の公約数 d' も同じ集合であることを示している。

3.3　ユークリッドの互除法アルゴリズム

つぎに，ユークリッドの互除法の原理に基づいて，2 数の最大公約数を求めるアルゴリズムを示す。

アルゴリズム 3.1　（ユークリッドの互除法アルゴリズム）

　　　自然数 a, b　　　ただし，$a > b$

　　　$\mathrm{GCD}(a, b) = (a, b) = g$

　　　$a = bq + r$　　　ただし，$0 \leqq r < b$ 　　　　　　　　　　(3.30)

　　　アルゴリズムの長さ L

とする。式 (3.30) から

$$r_{i-1} = r_i \cdot q_i + r_{i+1} \qquad i = 1, 2, \cdots \tag{3.31}$$

の漸化式を計算する。

(1) Label_0 $i \leftarrow 0^{\dagger}$

                      $r_0 \leftarrow a$

                      $r_1 \leftarrow b$

(2) Label_1 $i \leftarrow i + 1$

                   if $r_i \neq 0$ then $q_i \leftarrow r_{i-1} \div r_i$ の商

                                       $r_{i+1} \leftarrow r_{i-1} \div r_i$ の余り

                                       $(r_{i-1} = r_i \cdot q_i + r_{i+1})$

                                       go to Label_1

                           else $g \leftarrow r_{i-1}$ (3.32)

                                     $L \leftarrow i - 1$ (3.33)

つぎに, $i = 1, 2, 3, 4, \cdots, L-1, L$ までのアルゴリズムの計算の流れのイメージを示す。

アルゴリズムの流れ: 定理 3.1 より

$i = 1$ $a = r_0 = r_1 \cdot q_1 + r_2 = b \cdot q_1 + r_2$ $(a, b) = (b, r_2)$

$i = 2$ $r_1 = r_2 \cdot q_2 + r_3$ $(b, r_2) = (r_2, r_3)$

$i = 3$ $r_2 = r_3 \cdot q_3 + r_4$ $(r_2, r_3) = (r_3, r_4)$

$i = 4$ $r_3 = r_4 \cdot q_4 + r_5$ $(r_3, r_4) = (r_4, r_5)$

       $\vdots$ $\vdots$

$i = L-1$ $r_{L-2} = r_{L-1} \cdot q_{L-1} + r_L$ $(r_{L-2}, r_{L-1}) = (r_{L-1}, r_L)$

$i = L$ $r_{L-1} = r_L \cdot q_L$ $(r_{L-1}, r_L) = (r_L, 0)$

               $\Longrightarrow$ $g = r_L$ $= r_L = g$

漸化式 (3.31) の第 i 段目の r_{i-1}, r_i と商 q_i, 余り r_{i+1} の対応関係を**表 3.1** に示す。

$\dagger$ 以降, アルゴリズムの中の表記で $a \leftarrow b$ とは変数 a に値 b を代入することを表す。

表 3.1 漸化式 (3.31) の第 i 段目の商と余りの対応表

i	r_{i-1}	r_i	商 q_i	余り r_{i+1}	
0		$r_0 = a$		$r_1 = b$	
1	$r_0 = a$	$r_1 = b$	q_1	r_2	
2	r_1	r_2	q_2	r_3	
3	r_2	r_3	q_3	r_4	
4	r_3	r_4	q_4	r_5	
$\vdots$	$\vdots$	$\vdots$	$\vdots$	$\vdots$	
$L-1$	r_{L-2}	r_{L-1}	q_{L-1}	$r_L \neq 0$	$\Longleftarrow$ 最大公約数 $(a,b) = r_L$
L	r_{L-1}	r_L	q_L	$r_{L+1} = 0$	$\Longleftarrow$ アルゴリズムの長さ L

例題 3.2 ユークリッドの互除法アルゴリズムを用いて，つぎの 2 数 a, b の最大公約数を求めなさい。

（1）　$a = 182, b = 65$

（2）　$a = 851, b = 184$

【解答】　（1）　$a = 182, b = 65$

$$\text{商 } q \quad \text{余り } r$$

$$(a =)182 = (b =)\underline{65} \times \ 2 \ + \ \underset{\sim}{\underline{52}}$$

$$\underline{65} = \qquad \underline{52} \times \ 1 \ + \ \underset{\sim}{\underline{13}} \qquad \longleftarrow \ \text{余り } r = 0 \text{ の}$$

$$\underline{52} = \qquad \underset{\sim}{\underline{13}} \times \ 4 \ + \quad 0 \qquad\qquad \text{直前の余りが最大公約数}$$

表 3.1 の形でアルゴリズムを計算してみると，下記のようになる。

i	r_{i-1}		r_i		商 q_i		余り r_{i+1}	
0			$r_0 = a$				$r_1 = b$	
			182				$\underline{65}$	
1	$r_0 = a$		$r_1 = b$		q_1		r_2	
	182	$=$	$\underline{65}$	$\times$	2	$+$	$\underline{52}$	
2	r_1		r_2		q_2		r_3	
	$\underline{65}$	$=$	$\underline{52}$	$\times$	1	$+$	$\underset{\sim}{\underline{13}}$	
3	r_2		r_3		q_3		r_4	$\longleftarrow$ 余り $r_4 = 0$ の
	$\underline{52}$	$=$	$\underset{\sim}{\underline{13}}$	$\times$	4	$+$	0	直前の余り r_3 が最大公約数

したがって

最大公約数 $g = (182,\ 65) = 13$

アルゴリズムの長さ $L = 3$

この例題の図形的な意味を図 **3.2** に示す。

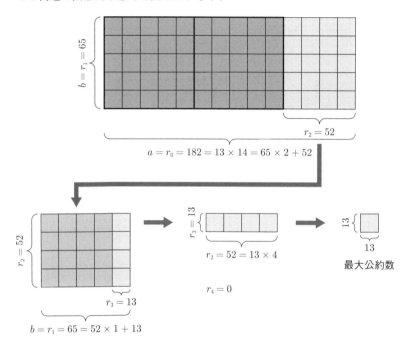

図 **3.2** $a = 182,\ b = 65$ のユークリッドの互除法の図形的説明

（2） $a = 851,\ b = 184$

$$\begin{array}{cccccc}
 & & 商\ q & & 余り\ r & \\
(a=)851 = & (b=)\underline{184} \times & 4 & + & \underline{115} & \\
\underline{184} = & \underline{115} \times & 1 & + & \underline{69} & \\
\underline{115} = & \underline{69} \times & 1 & + & \underline{46} & \\
\underline{69} = & \underline{46} \times & 1 & + & \underline{23} & \longleftarrow\ 余り\ r = 0\ の \\
\underline{46} = & \underline{23} \times & 2 & + & 0 & \quad 直前の余りが \\
 & & & & & \quad 最大公約数
\end{array}$$

（1）と同様に，表 3.1 の形でアルゴリズムを計算してみると，下記のようになる。

i	r_{i-1}	r_i	商 q_i	余り r_{i+1}
0		$r_0 = a$		$r_1 = b$
		851		184
1	$r_0 = a$	$r_1 = b$	q_1	r_2
	851 =	184 ×	4 +	115
2	r_1	r_2	q_2	r_3
	184 =	115 ×	1 +	69
3	r_2	r_3	q_3	r_4
	115 =	69 ×	1 +	46
4	r_3	r_4	q_4	r_5
	69 =	46 ×	1 +	23
5	r_4	r_5	q_5	r_6
	46 =	23 ×	2 +	0

 ← 余り $r_6 = 0$ の
直前の余り r_5 が
最大公約数

したがって

　最大公約数 $g = (851,\ 184) = 23$

　アルゴリズムの長さ $L = 5$　　　　　　　　　　　　　　　　　　　　　◇

3.4　三つ以上の整数 $a_1, a_2, a_3, \cdots, a_n$ の最大公約数

　三つ以上の整数の最大公約数をユークリッドの互除法を応用して求める方法を示す。

──────────────────────────────

アルゴリズム 3.2　（**3 数以上のユークリッドの互除法アルゴリズム**）　最大公約数を求めようとする整数の大小関係を

　　$a_1 < a_2 < a_3 < \cdots < a_n$

とする。最小の a_1 でその他の数を割った余りをそれぞれ $a_2', a_3', \cdots, a_n'$ とする。

$$a_2 = a_1 \times q_2 + a_2{}'$$

$$a_3 = a_1 \times q_3 + a_3{}'$$

$$\vdots$$

$$a_n = a_1 \times q_n + a_n{}'$$

$$(a_1, a_2, a_3, \cdots, a_n) = (a_1, a_2{}', a_3{}', \cdots, a_n{}') \tag{3.34}$$

余りの中にゼロがあれば（　）内から省く。

同様の操作を繰り返していくと，しだいに（　）内の最大数が減少していき，ついに（　）にただ一つの数が残る。それが，最大公約数 $(a_1, a_2, a_3, \cdots, a_n)$ である。

例題 3.3　3 数以上のユークリッドの互除法アルゴリズム 3.2 を用いて，つぎの数 a, b, c の最大公約数を求めよ。

（1）　$a = 70, b = 84, c = 210$

（2）　$a = 12, b = 18, c = 27$

【解答】　（1）　$a = 70, b = 84, c = 210$ の場合

商 q　　余り r　　最大公約数 g

$$(\underline{70}, 84, 210)$$

$$210 = \underline{70} \times 3 + 0$$

$$84 = \underline{70} \times 1 + 14 \qquad (\underline{70}, 0, 14) = (\underaccent{\dotuline}{14}, 70)$$

- - - - - - - - - - - - - -

$$70 = \underaccent{\dotuline}{14} \times 5 + 0 \qquad (\underaccent{\dotuline}{14}, 0) = 14$$

- - - - - - - - - - - - - -

したがって

最大公約数 $g = (70, 84, 210) = 14$

（2）　$a = 12, b = 18, c = 27$ の場合

$$\text{商 } q \quad \text{余り } r \quad \text{最大公約数 } g$$

$$(\underline{12}, 18, 27)$$

$$27 = \underline{12} \times 2 + 3$$
$$18 = \underline{12} \times 1 + 6 \qquad (\underline{12}, 3, 6) = (\underset{\cdot\cdot}{3}, 6, 12)$$

$$-\,-\,-\,-\,-\,-\,-\,-\,-\,-\,-\,-\,-\,-$$

$$12 = \underset{\cdot\cdot}{3} \times 4 + 0$$
$$6 = \underset{\cdot\cdot}{3} \times 2 + 0 \qquad (\underset{\cdot\cdot}{3}, 0, 0) = 3$$

$$-\,-\,-\,-\,-\,-\,-\,-\,-\,-\,-\,-\,-\,-$$

したがって

最大公約数 $g = (12, 18, 27) = 3$ $\hspace{6cm}$ ◇

3.5 一次不定方程式の導入

最大公約数を求めるユークリッドの互除法は，4 章の**一次不定方程式**の 1 組の解を求めるのに拡張ユークリッドの互除法アルゴリズム（4.3 節）として用いる。

ここでは，4 章の一次不定方程式の前に最大公約数と一次不定方程式との重要な関係を示す定理について述べる。ここで，式 (3.35) の記号 { } は，集合を表す。すなわち，集合 M の要素は x, y を整数として $ax + by$ を，集合 N の要素は k を整数として kg をそれぞれ表している。

定理 3.2 （**線形結合と最大公約数の関係**）　整数 a, b は同時に 0 にならない整数とする。

$$\left.\begin{array}{l} g = \mathrm{GCD}(a, b) = (a, b) \\ M = \{ax + by \mid x, y \in \mathbb{Z}\ (\text{整数})\} \\ N = \{kg \mid k \in \mathbb{Z}\ (\text{整数})\} \end{array}\right\} \longrightarrow M = N \qquad (3.35)$$

すなわち

　「a, b の線形結合全体の集合 M」＝「a, b の最大公約数の倍数全体の集合 N」

の関係が成り立つ。

証明　証明の方針：M と N の包含関係を調べる

$$g = (a, b) \tag{3.36}$$

◎　$\forall d \in M$，正の要素の最小の d を $d_{\min}$ とする。

$$d, d_{\min} \in M \tag{3.37}$$

$$d = ax + by \tag{3.38}$$

$$d_{\min} = ax_0 + by_0 \tag{3.39}$$

d を $d_{\min}$ で割ったときの商を q，余りを r とする。

$$d = ax + by = d_{\min}q + r \tag{3.40}$$

$$0 \le r < d_{\min} \tag{3.41}$$

式 (3.40) より

$$r = ax + by - d_{\min}q \tag{3.42}$$

式 (3.42) に式 (3.39) を代入すると

$$r = ax + by - (ax_0 + by_0)\, q = a(x - x_0\, q) + b(y - y_0\, q) \tag{3.43}$$

式 (3.43) の a の係数 $(x - x_0\, q) \in \mathbb{Z}$，かつ，式 (3.43) の b の係数 $(y - y_0\, q) \in \mathbb{Z}$ であることより，式 (3.35) より

$$\therefore \quad r \in M \tag{3.44}$$

式 (3.41) から $0 \le r < d_{\min}$ であり，式 (3.37) より，$r > 0$ なら M の要素の正の最小 $d_{\min}$ に反する。

$$\therefore \quad r = 0$$

となり，M の要素 d はすべて $d_{\min}$ で割り切れる。すなわち

$$d_{\min} \mid d \quad (d = d_{\min} \times q) \tag{3.45}$$

さて，式 (3.36) より

$$g \mid a \quad \wedge \quad g \mid b$$

となるので，a, b の線形結合 $d_{\min}$（式 (3.39)）も　$g \mid d_{\min}$　となる。

$$\therefore \quad g \le d_{\min} \tag{3.46}$$

$$\left(\because \quad a = a_1 g, b = b_1\, g \quad \longrightarrow \quad d_{\min} = ax_0 + by_0 = g(a_1 x_0 + b_1 y_0) \right)$$

一方，g が M の要素か不明なので，式 (3.38) に $(x, y) = (1, 0)$ と $(0, 1)$ をそれぞれ代入してみると

$$d = a \times 1 + b \times 0 = a \in M \quad \longrightarrow \quad d_{\min} \mid a\ (= d)$$

$$d = a \times 0 + b \times 1 = b \in M \quad \longrightarrow \quad d_{\min} \mid b\ (= d)$$

$$(\because \ \text{式 (3.45) より } M \text{ の要素 } d \text{ はすべて } d_{\min} \text{ で割り切れるから})$$

$$d_{\min} \mid a \,(= d) \quad \wedge \quad d_{\min} \mid b \,(= d) \quad \longrightarrow \quad \underline{d_{\min} \text{は } a, b \text{ の公約数}} \tag{3.47}$$

$$\therefore \quad d_{\min} \leqq g \tag{3.48}$$

式 (3.46), (3.48) より

$$\therefore \quad g = d_{\min} \tag{3.49}$$

つぎに，式 (3.45) より $\underline{M}$ の要素 d はすべて $\underline{d_{\min} = g}$ で割り切れる。したがって

$$g \mid d$$

$$\because \quad d = ax + by = a_1 gx + b_1 gy = g(a_1 x + b_1 y) \in N$$

$i.e.$ 集合 $\{ax + by\}$ は g の倍数

$$\therefore \quad ax + by \in N \tag{3.50}$$

$$\therefore \quad M \subseteq N \tag{3.51}$$

◎ $\forall k \in \{ \text{整数} \}$ とすると $kg \in N$ となる。式 (3.39) と式 (3.49) より

$$g = d_{\min}$$

となるので

$$kg = kd_{\min} = k(ax_0 + by_0) = a \cdot (kx_0) + b \cdot (ky_0) \in M$$

$$\therefore \quad N \subseteq M \tag{3.52}$$

式 (3.51) と式 (3.52) より

$$\therefore \quad N = M \tag{3.53}$$

□

章 末 問 題

【1】 ユークリッドの互除法アルゴリズム 3.1 を用いて，1 024 と 40 の整数の組の最大公約数を求めなさい。また，最小公倍数も求めなさい。

【2】 819，715，1 352，975 の整数の組の最大公約数を求めなさい。

【3】 12，40，64 の最小公倍数と最大公約数を求めなさい。

【4】 縦 18 cm × 横 42 cm × 高さ 24 cm の直方体の内部を，同一の立方体で隙間なく埋めたい。最小の個数を求めなさい。ただし，立方体の一辺の長さは整数 cm とする。

【5】 $n \in \mathbb{N}$ とするとき，数列 $a_n = n^3 - 8n^2 + 2n$，$b_n = n^2 + 1$ がある。a_n と b_n の最大公約数 $g = (a_n, b_n)$ の取りうる値をすべて求めなさい。ただし，$a_n > b_n$ とする。

4 一次不定方程式
── RSA 暗号の理解の手助け ──

4章では，7章のRSA暗号を理解するのに必要となる一次不定方程式の解法を学びます。この一次不定方程式はディオファントス（Diophantus）方程式とも呼ばれます。この方程式は，3章3.3節で学んだユークリッドの互除法アルゴリズムから導出される「拡張ユークリッドの互除法アルゴリズム」で求めることができます。

4.1 一次不定方程式とは

$a_1, a_2, \cdots, a_n, k$ を既知の整数，$x_1, x_2, \cdots, x_n$ を未知数の整数とすると

$$a_1 x_1 + a_2 x_2 + \cdots + a_n x_n = k \tag{4.1}$$

を **n 元一次不定方程式**（linear indeterminate equation with n unknowns）という。なお，一次不定方程式に対して，**解**とは**整数解**のことである。また，整数解が1組存在すれば，整数解は無数に存在することになるので，一次不定方程式と呼ばれる。

4.2 （2元）一次不定方程式

RSA暗号を理解するために必要となる，2元一次不定方程式の一般形を示す。一次不定方程式の一般形の式 (4.1) から，整数 a, b, c に対して，未知数 x, y とする2元一次不定方程式

$$ax + by = c \qquad ただし, \; a \cdot b \neq 0, \quad x, y \in \mathbb{Z} \tag{4.2}$$

の一般形の解を求める方法を考える。以降，この 2 元一次不定方程式を単に**一次不定方程式**とする。

例題 4.1 つぎの一次不定方程式が，無数の整数解をもつか確かめなさい。

$$2x + 3y = 1 \tag{4.3}$$

【解答】 式 (4.3) の左辺に，$x = -1$, $y = 1$ を代入すると
  左辺 $= 2x + 3y = 2 \times (-1) + 3 \times 1 = -2 + 3 = 1 = $ 右辺
  $\therefore$ $x = -1$, $y = 1$ は式 (4.3) の解となっている。
したがって，$x = -1$, $y = 1$ は与えられた一次不定方程式の解となっている。
 つぎに，左辺に $x = -1 + 3k$, $y = 1 - 2k$, $k \in \mathbb{Z}$ を代入してみる。
  左辺 $= 2 \times (-1 + 3k) + 3 \times (1 - 2k) = -2 + 6k + 3 - 6k = 1 = $ 右辺

無数の解 $\begin{cases} x = -1 + 3k \\ y = 1 - 2k \qquad k \in \mathbb{Z} \end{cases}$

が求められる。 $\diamondsuit$

4.2.1 一次不定方程式の解法手順

一次不定方程式 (4.2) の解を求める手順を示す。

手順 1：最大公約数を求める。

      3.3 節を参照。

      利用するアルゴリズム：アルゴリズム 3.1（ユークリッドの
                互除法アルゴリズム）。

手順 2：整数解が存在するかを確認（最大公約数 = 定数項）。

      整数解が存在しない場合は「**解なし**」で完了。

      利用する定理：定理 4.1，定理 4.2，補題 4.1。

手順 3：整数解が存在する場合は，1 組の解を求める。

      4.2.3 項を参照。

      利用するアルゴリズム：アルゴリズム 4.1（拡張ユークリッドの
                互除法アルゴリズム）。

手順 4：手順 1 と手順 3 で求まった最大公約数と 1 組の解を基に，解全体を
　　　　求める。

　　　利用する定理：定理 4.3，補題 4.3

4.2.2　解　の　存　在

一次不定方程式 (4.2) の解を求める**手順 1**，**手順 2** において，式 (4.2) の解が
存在するかは，以下の定理 4.1，定理 4.2，補題 4.1 で判定できる。

定理 4.1　（一次不定方程式の解の存在 1）　　整数 a, b に対して，つぎの
一次不定方程式を満足する整数解 x, y は存在する。

$$一次不定方程式 \quad ax + by = g \tag{4.4}$$

$$\mathrm{GCD}(a, b) = (a, b) = g \tag{4.5}$$

| 証明 |　定理 3.2 の式 (3.35) の N で $k = 1$ とおけば自明となり，式 (4.4) を満
足する x, y は存在する。　　　　　　　　　　　　　　　　　　　　□

定理 4.2　（一次不定方程式の解の存在 2）　　一次不定方程式

$$ax + by = c \quad\quad c \in \mathbb{Z} \tag{4.2：再掲}$$

が解をもつためには，c が，a, b の最大公約数 g の倍数でなければならな
い。すなわち

$$g = (a, b) \tag{4.6}$$

とするとき

$$g \mid c \tag{4.7}$$

ということである。

| 証明 |

　• 必要条件

証明の方針：「解をもつ」を前提として「$g \mid c$」を証明する。

x と y が（整数）解をもつ $\longrightarrow$ 式 (4.2) の a, b および x, y は整数（解）である。

式 (4.6) より，$g \mid a$ かつ $g \mid b$ より

その線形結合式 (4.2) の左辺も g の倍数 $\implies g \mid ax + by = c$

したがって

解をもつなら $g \mid c$

• 十分条件

証明の方針：「$g \mid c$」を前提として「解をもつ」を証明する。

$$g \mid c \implies c = c'g \tag{4.8}$$

定理 4.1 で式 (4.4) を満たす解が存在する。その解を，x_0, y_0 とすれば

$$ax_0 + by_0 = g \tag{4.9}$$

となる。式 (4.9) の両辺に式 (4.8) の c' を掛ける。

$$a\left(c'x_0\right) + b\left(c'y_0\right) = c'g = c \tag{4.10}$$

となる。したがって

$$x = c'x_0, \quad y = c'y_0 \tag{4.11}$$

式 (4.11) は，式 (4.2) の解となる。 $\square$

参考 4.1 （一次合同式の解の存在条件のための表現） 式 (4.2) が解をもつためには，右辺の定数項 c が

未知数 x, y の係数 a, b の最大公約数 $g = (a, b)$ の倍数

となっている。この表現から，一次合同式 (5.53) の解の存在条件式 (5.55) を示すことができる。

補題 4.1 （定数項が 1 のときの解の存在 1） 一次不定方程式で a と b が互いに素 $(a, b) = 1$ であれば

$$ax + by = 1 \tag{4.12}$$

は必ず解をもつ。

| 証明 | 定理 4.1 で $(a, b) = g = 1$ とすると自明である。 □ |

補題 4.2 （定数項が 1 のときの解の存在 2）　　一次不定方程式

$$ax + by = 1 \tag{4.13}$$

が解をもてば，a と b が互いに素，すなわち $(a, b) = 1$ である。

| 証明 | 定理 4.1 で $(a, b) = g = 1$ とすると自明である。 □ |

例題 4.2　つぎの一次不定方程式が，解をもつか確かめなさい。

（1）　$95x - 228y = 19$

（2）　$95x - 228y = 38$

【解答】　（1）　$95x - 228y = 19$ の場合

ユークリッドの互除法を用いて，95 と -228 の最大公約数を求める。

$(95, -228) = (95, 228)$ より

$$
\begin{array}{rcl}
 & \text{商 } q & \text{余り } r \\
228 = 95 \times & 2 & + \quad 38 \\
95 = 38 \times & 2 & + \quad 19 \\
38 = 19 \times & 2 & + \quad 0
\end{array}
$$

最大公約数 $g = (95, -228) = (95, 228) = 19$ である。したがって，定理 4.1 より，与えられた一次不定方程式の右辺 $= 19$ が g と一致するので

　　$\therefore$　解をもつ。

（2）　$95x - 228y = 38$ の場合

ユークリッドの互除法を用いて，95 と 228 の最大公約数を求める。

$(95, -228) = (95, 228)$ より

$$
\begin{array}{rcl}
 & \text{商 } q & \text{余り } r \\
228 = 95 \times & 2 & + \quad 38 \\
95 = 38 \times & 2 & + \quad 19 \\
38 = 19 \times & 2 & + \quad 0
\end{array}
$$

最大公約数 $g = (95, -228) = (95, 228) = 19$ である。

$19 \mid 38$ となり，定数項 38 は最大公約数 19 の倍数である。

∴ 定理 4.2 より解をもつ。

4.2.3 1組の解の解法

整数解の存在が判定できたら，一次不定方程式 (4.2) の解を求める**手順 1** での最大公約数と**手順 3** の 1 組の解は，ユークリッドの互除法の流れを応用して求めることができる。具体的なアルゴリズムは 4.3 節で示す。

例題 4.3　つぎの一次不定方程式の 1 組の解を求めなさい。

（ 1 ）　$95x - 228y = 19$

（ 2 ）　$95x - 228y = 38$

【解答】（ 1 ）　$95x - 228y = 19$ の場合

$$95x - 228y = 19 \tag{4.14}$$

まず，式 (4.14) にユークリッドの互除法を適用する。

商 q　余り r

$$228 = 95 \times 2 + 38 \tag{4.15}$$

$$95 = 38 \times 2 + 19 \tag{4.16}$$

$$38 = 19 \times 2 + 0$$

式 (4.16) を変形して余り「19 =」の式にする。

$$19 = 95 - \underline{38} \times 2 \tag{4.17}$$

式 (4.15) を変形して「38 =」の式に変形する。

$$\underline{38} = \underset{\sim\sim\sim\sim\sim}{228 - 95} \times 2 \tag{4.18}$$

式 (4.18) を式 (4.17) に代入する。

$$19 = 95 - \underset{\sim\sim\sim\sim\sim\sim\sim\sim}{(228 - 95 \times 2)} \times 2$$

$$= 95 \times 5 - 228 \times 2 \tag{4.19}$$

式 (4.14) と式 (4.19) は同値であるので，1 組の解が求まる。

∴　$x = 5,\ y = 2$

（ 2 ）　$95x - 228y = 38$ の場合

$$95x - 228y = 38 \tag{4.20}$$

式 (4.20) は定理 4.2 より，$(95, 228) = 19$ かつ $19 \mid 38$ なので，例題 4.3（ 1 ）の解 $x_0 = 5, y_0 = 2$ を用いて解ける。

式 (4.9) より

$$95x_0 - 228y_0 = 19 \tag{4.21}$$

となり，最大公約数 $g = 19$ なので式 (4.10) より，式 (4.20) は

$$95 \times (c'x_0) - 228 \times (c'y_0) = c'g = c' \times 19 = 38 \tag{4.22}$$

$$\therefore \quad c' = 2 \tag{4.23}$$

したがって，式 (4.20) の1組の解は，式 (4.11) と式 (4.23) より

$$x = c'x_0 = 2 \times 5 = 10, \quad y = c'y_0 = 2 \times 2 = 4 \qquad \diamondsuit$$

4.2.4 すべての解に関する定理

一次不定方程式 (4.2) の解を求める**手順4**では，最大公約数と1組の解を基に，つぎの定理4.3を用いて解の全体を求めることができる。

定理 4.3 （一次不定方程式のすべての解）

一次不定方程式 $\quad ax + by = g \tag{4.24}$

ここで，$\mathrm{GCD}(a,b) = (a,b) = g$ である。したがって

$$g \mid a \ \wedge \ g \mid b \iff a = ga' \ \wedge \ b = gb' \tag{4.25}$$

とする。式 (4.24) の1組の解 (x_0, y_0) と $k \in \mathbb{Z}$ を用いて，式 (4.24) のすべての解は

一般解 $\begin{cases} x = x_0 \pm b'k & (4.26) \\ y = y_0 \mp a'k & (4.27) \end{cases}$

となる（複号同順）。

証明 x_0, y_0 は式 (4.24) の解である。

$$ax_0 + by_0 = g \tag{4.28}$$

式 (4.24) − 式 (4.28) より

$$a(x - x_0) + b(y - y_0) = 0$$

$$a(x - x_0) = -b(y - y_0)$$

式 (4.25) の $a = ga'$, $b = gb'$ を代入すると

$$ga'(x - x_0) = -gb'(y - y_0)$$

$$a'(x - x_0) = -b'(y - y_0) \tag{4.29}$$

式 (4.29) を $y - y_0$ の形に変形すると

$$y - y_0 = -a' \times \underbrace{\frac{x - x_0}{b'}} \in \mathbb{Z} \tag{4.30}$$

ここで，a' と b' が互いに素なので

$$\frac{x - x_0}{b'} = k \in \mathbb{Z} \tag{4.31}$$

となる。同様に，式 (4.29) を $x - x_0$ の形に変形すると

$$x - x_0 = -b' \times \frac{y - y_0}{a'} \in \mathbb{Z} \tag{4.32}$$

$$(a',\, b') = 1 \implies b' \mid x - x_0,\ \ a' \mid y - y_0$$

したがって，式 (4.30) に注目して，その一部を変形した式 (4.31) を用いて

$$x - x_0 = b' \cdot k \tag{4.33}$$

$$\therefore \quad x = x_0 + b' \cdot k \tag{4.34}$$

式 (4.33) の $x - x_0 = b'k$ を式 (4.30) に代入すると

$$y - y_0 = -a' \cdot \frac{x - x_0}{b'} = -a' \cdot \frac{b'k}{b'} = -a' \cdot k \tag{4.35}$$

$$\therefore \quad y = y_0 - a' \cdot k \tag{4.36}$$

$$\therefore \quad \text{一般解} \begin{cases} x = x_0 + b'k \\ y = y_0 - a'k \end{cases} \quad k \in \mathbb{Z}$$

注意

　式 (4.31) では，$\dfrac{x - x_0}{b'} = k$ とおいて計算を進めた。式 (4.32) に注目して $\dfrac{y - y_0}{a'} = k \in \mathbb{Z}$ とおいて計算を進めると，つぎの符号の一般解が求められる。

$$\begin{cases} x = x_0 - b'k \\ y = y_0 + a'k \end{cases} \quad k \in \mathbb{Z}$$

　したがって

$$\mathrm{GCD}(a, b) = (a, b) = g,\ a = ga',\ b = gb'$$

とすると，1 組の解 (x_0, y_0) と $k \in \mathbb{Z}$ を用いて，式 (4.24) の一次不定方程式 $ax + by = g$ のすべての解は，式 (4.26) と式 (4.27) のように，つぎの複号同順の一般解は

$$
\begin{cases}
x = x_0 \pm b'k \\
y = y_0 \mp a'k
\end{cases}
$$

の形で表される。したがって，一次不定方程式のすべてを求めるには，どちらか
の複号同順の符号の解の組を書けばよいことになる。 □

補題 4.3 （一次不定方程式のすべての解 $g \mid c$ の場合）

$$
ax + by = c \qquad \text{ただし，} (a,b) = g, \ c \in \mathbb{Z} \qquad (4.2：再掲)
$$

ここで，$a = ga'$, $b = gb'$, $c = c'g$ とする。

式 (4.2) のすべての解は，$ax + by = g$ の 1 組の解を (x_0, y_0) とすると，
つぎの複号同順の一般解は

$$
\begin{cases}
x = x_1 \pm b'k = c'x_0 \pm b'k & (4.37) \\
y = y_1 \mp a'k = c'y_0 \mp a'k & (4.38)
\end{cases}
$$

と考えてよいので，どちらかの複号同順の符号の解の組を書けばよいこと
になる。

証明 　定理 4.2 の十分条件の証明，および定理 4.3 から得られる。 □

例題 4.4 　つぎの一次不定方程式の解の全体を求めなさい。

$$
95x - 228y = 19 \qquad (4.39)
$$

【解答】 　例題 4.3 (1) より，与えられた一次不定方程式 (4.39) は，最大公約数 g
と 1 組の解として

$$
g = 19, \quad x_0 = 5, \quad y_0 = 2 \qquad (4.40)
$$

定理 4.3 の式 (4.25) より

$$
a = 95 = ga' = 19a' \ \longrightarrow \ a' = 5 \qquad (4.41)
$$

$$
b = -228 = gb' = 19b' \ \longrightarrow \ b' = -12 \qquad (4.42)
$$

したがって，式 (4.41)，(4.42) を定理 4.3 の式 (4.26)，(4.27) に代入することにより全体の解が求まる。

$$\therefore \quad \text{式 (4.39) の全体の解} = \begin{cases} x = x_0 + b'k = 5 - 12k \\ y = y_0 - a'k = 2 - 5k \qquad k \in \mathbb{Z} \end{cases} \qquad \diamondsuit$$

4.3 拡張ユークリッドの互除法アルゴリズム

拡張ユークリッドの互除法アルゴリズムとは，二つの整数 a, b から，最大公約数 $g = (a, b)$ とするとき，一次不定方程式 (4.4) の

$$ax + by = g \qquad\qquad\qquad (4.4：再掲)$$

における g と 1 組の解 x_0, y_0 を効率的に求めることのできるアルゴリズムである。

アルゴリズム 4.1　（拡張ユークリッドの互除法アルゴリズム）

自然数 a, b　　ただし，$a > b$

$$a = bq + r \qquad 0 \leqq r < b \qquad\qquad (4.43)$$

$$\text{GCD}(a, b) = g \qquad\qquad\qquad (4.44)$$

$$ax + by = g \qquad\qquad\qquad (4.45)$$

アルゴリズムの長さ L

《アルゴリズム》式 (4.43) から $r_{i-1} = r_i \cdot q_i + r_{i+1}(i = 1, 2, \cdots)$ の漸化式を計算する。

（a）Label_0　$i \leftarrow 0$

$$r_0 \leftarrow a \qquad\qquad\qquad (4.46)$$

$$r_1 \leftarrow b \qquad\qquad\qquad (4.47)$$

$$s_0 \leftarrow 1 \qquad\qquad\qquad (4.48)$$

$$t_0 \leftarrow 0 \qquad\qquad\qquad (4.49)$$

$$s_1 \leftarrow 0 \tag{4.50}$$

$$t_1 \leftarrow 1 \tag{4.51}$$

（b） Label_1 $i \leftarrow i+1$

$$q_i \leftarrow (r_{i-1} \div r_i) \text{ の商} \tag{4.52}$$

$$(r_{i-1} = r_i \cdot q_i + r_{i+1}) \tag{4.53}$$

$$r_{i+1} \leftarrow (r_{i-1} \div r_i) \text{ の余り}$$

if $r_{i+1} \neq 0$ then $s_{i+1} \leftarrow s_{i-1} - q_i \cdot s_i$ $\tag{4.54}$

$$t_{i+1} \leftarrow t_{i-1} - q_i \cdot t_i \tag{4.55}$$

go to Label_1

else $L \leftarrow i$ $\tag{4.56}$

$$g \leftarrow r_i = r_L \tag{4.57}$$

$$x_0 \leftarrow s_i = s_L \tag{4.58}$$

$$y_0 \leftarrow t_i = t_L \tag{4.59}$$

アルゴリズム 4.1 の計算過程は，漸化式 (4.60) を計算している。

$$\left.\begin{array}{l} r_{i-1} = r_i \cdot q_i + r_{i+1} \\ s_{i+1} = s_{i-1} - q_i \cdot s_i \\ t_{i+1} = t_{i-1} - q_i \cdot t_i \end{array}\right\} i = 1, 2, \cdots \tag{4.60}$$

ここで，アルゴリズム 4.1 の手順を $i=0$ から $i=3$ まで確認する。

・$i=0$ の初期値の代入では，$a > b$ のとき

$$\begin{cases} r_0 = a \\ r_1 = b \\ s_0 = 1 \\ s_1 = 0 \\ t_0 = 0 \\ t_1 = 1 \end{cases}$$

・$i = 1$ では，$r_0 = r_1 \cdot q_1 + r_2$ から，q_1 と r_2 を求める。

$$s_2 = s_0 - q_1 \cdot s_1$$

$$t_2 = t_0 - q_1 \cdot t_1$$

・$i = 2$ では，$r_1 = r_2 \cdot q_2 + r_3$ から，q_2 と r_3 を求める。

$$s_3 = s_1 - q_2 \cdot s_2$$

$$t_3 = t_1 - q_2 \cdot t_2$$

・$i = 3$ では，$r_2 = r_3 \cdot q_3 + r_4$ から，q_3 と r_4 を求める。

$$s_4 = s_2 - q_3 \cdot s_3$$

$$t_4 = t_2 - q_3 \cdot t_3$$

この過程を余りが $r_{i+1} = 0$ になる第 i 段階まで繰り返す。このときの，i を $L = i$ とすると，a と b の最大公約数 g，および，式 (4.43) の 1 組の解 x_0, y_0 は

$$\begin{cases} (a, b) &= g = r_i = \underline{\underline{r_L}} \\ x_0 &= s_i = \underline{\underline{s_L}} \\ y_0 &= t_i = \underline{\underline{t_L}} \end{cases}$$

と求められる。各ステップの計算過程を**表 4.1** に示す。

証明　アルゴリズムの各 $i(i = 0, 1, 2, \cdots, L + 1)$ に対して

$$s_i \cdot a + t_i \cdot b = r_i \tag{4.61}$$

が成立することを数学的帰納法を用いて示す。

・$i = 0, 1$ のとき，式 (4.46)〜(4.51) を式 (4.61) へ代入する。

$$\begin{aligned} i = 0 \quad \text{式 (4.61) 左辺} &= s_0 \cdot a + t_0 \cdot b \\ &= 1 \times r_0 + 0 \times r_1 = r_0 = \text{式 (4.61) 右辺} \end{aligned} \tag{4.62}$$

$$\begin{aligned} i = 1 \quad \text{式 (4.61) 左辺} &= s_1 \cdot a + t_1 \cdot b \\ &= 0 \times r_0 + 1 \times r_1 = r_1 = \text{式 (4.61) 右辺} \end{aligned} \tag{4.63}$$

表 4.1 漸化式 (4.60) の第 i 段目の商と余りと s_{i+1}, t_{i+1} の対応表

i	r_{i-1}	r_i	商 q_i	余り r_{i+1}	s_{i+1}	s_i	t_{i+1}	t_i
				初期値として代入，ただし，$a > b$				
0	—	$r_0 = a$	—	$r_1 = b$	$s_1 = 0$	$s_0 = 1$	$t_1 = 1$	$t_0 = 0$
1	$r_0 = a$	$r_1 = b$	$q_1 =$	$r_2 =$	$s_2 = s_0 - q_1 \cdot s_1$	$s_1 = 0$	$t_2 = t_0 - q_1 \cdot t_1$	$t_1 = 1$
2	r_1	r_2	$q_2 =$	$r_3 =$	$s_3 = s_1 - q_2 \cdot s_2$	s_2	$t_3 = t_1 - q_2 \cdot t_2$	t_2
3	r_2	r_3	$q_3 =$	$r_4 =$	$s_4 = s_2 - q_3 \cdot s_3$	s_3	$t_4 = t_2 - q_3 \cdot t_3$	t_3
$\vdots$	$\vdots$		$\vdots$		$\vdots$		$\vdots$	
$i-1$	r_{i-2}	r_{i-1}	$q_{i-1} =$	$r_i =$	$s_i = s_{i-2} - q_{i-1} \cdot s_{i-1}$	s_{i-1}	$t_i = t_{i-2} - q_{i-1} \cdot t_{i-1}$	t_{i-1}
$i = L$	r_{i-1}	$r_i = g$ $= \underline{\underline{r_L}}$	$q_i = q_i$	$r_{i+1} = 0$	s_{i+1} ———	$s_i = x_0$ $= \underline{s_L}$	t_{i+1} ———	$t_i = y_0$ $= \underline{t_L}$
$L+1$	$r_i = r_L$	$r_{i+1} = 0$						

$$\therefore \quad i = 0, 1 \text{ のとき成立する。}$$

・$0 \leqq j < i \leqq L+1$ の範囲の j に対して以下が成り立つと仮定する。

$$s_j \cdot a + t_j \cdot b = r_j \tag{4.64}$$

・式 (4.61) の左辺について調べる。

式 (4.54), (4.55), (4.53) で，$i \to i-1$ とすると

$$s_i = s_{i-2} - q_{i-1} \cdot s_{i-1} \tag{4.65}$$

$$t_i = t_{i-2} - q_{i-1} \cdot t_{i-1} \tag{4.66}$$

$$r_{i-2} = r_{i-1} \cdot q_{i-1} + r_i \quad \longrightarrow \quad r_i = r_{i-2} - q_{i-1} \cdot r_{i-1} \tag{4.67}$$

$$
\begin{aligned}
\text{式 (4.61) 左辺} &= s_i \cdot a + t_i \cdot b \\
&= \left(s_{i-2} - q_{i-1} \cdot s_{i-1} \right) \cdot a + \left(t_{i-2} - q_{i-1} \cdot t_{i-1} \right) \cdot b \\
&= s_{i-2} \cdot a + t_{i-2} \cdot b - q_{i-1} \cdot s_{i-1} \cdot a - q_{i-1} \cdot t_{i-1} \cdot b \\
&= \left(s_{i-2} \cdot a + t_{i-2} \cdot b \right) - q_{i-1} \cdot \left(s_{i-1} \cdot a - t_{i-1} \cdot b \right) \\
&= r_{i-2} - q_{i-1} \cdot r_{i-1} = r_i \\
&= \text{式 (4.61) 右辺} \tag{4.68}
\end{aligned}
$$

$$\therefore \quad \text{すべての } i \text{ で式 (4.61) は成立する。}$$

・$i = L$ のとき

$$s_L \cdot a + t_L \cdot b = r_L$$

$$ax + by = g \tag{4.69}$$

□

例題 4.5　つぎの一次不定方程式のすべての解を拡張ユークリッドの互除法アルゴリズムを用いて求めなさい。

$$255x + 198y = g \quad ただし，g = (255, 198)$$

【解答】　$a = 255,\ b = 198$

各計算手順の代入，計算の結果は，解答の最後の**表 4.2** にまとめる。

表 4.2 の⓪行の各初期値を代入する。

$\quad i = 0$

$\qquad r_0 = 255,\ r_1 = 198$

$\qquad s_0 = 1,\ s_1 = 0$

$\qquad t_0 = 0,\ t_1 = 1$

表 4.2 の①行の計算をする。

$\quad i = 1$

$\qquad r_0 = 255 = r_1 \times q_1 + r_2 = 198 \times \underline{1} + 57$

$\qquad r_2 = 57,\ \underline{q_1 = 1}$

$\qquad r_2 \neq 0,\ s_2 = s_0 - s_1 \times \underline{q_1} = 1 - 0 \times \underline{1} = 1$

$\qquad\qquad t_2 = t_0 - t_1 \times \underline{q_1} = 0 - 1 \times \underline{1} = -1$

表 4.2 の②行の計算をする。

$\quad i = 2$

$\qquad r_1 = 198 = r_2 \times q_2 + r_3 = 57 \times 3 + 27$

$\qquad r_3 = 27,\ q_2 = 3$

$\qquad r_3 \neq 0,\ s_3 = s_1 - s_2 \times q_2 = 0 - 1 \times 3 = -3$

$\qquad\qquad t_3 = t_1 - t_2 \times q_2 = 1 - (-1) \times 3 = 4$

表 4.2 の③行の計算をする。

$\quad i = 3$

$\qquad r_2 = 57 = r_3 \times q_3 + r_4 = 27 \times 2 + 3$

$\qquad r_4 = 3,\ q_3 = 2$

$\qquad r_4 \neq 0,\ s_4 = s_2 - s_3 \times q_3 = 1 - (-3) \times 2 = 7$

$\qquad\qquad t_4 = t_2 - t_3 \times q_3 = -1 - 4 \times 2 = -9$

表 4.2 の④行の計算をする。

$i = 4$

$$r_3 = 27 = r_4 \times q_4 + r_5 = 3 \times 9 + 0$$

$$r_5 = 0, \quad q_4 = 9$$

$$r_5 = 0, \quad L = i = 4$$

$$, \quad g = r_4 = \underline{\underline{3}}$$

$$, \quad x_0 = s_4 = \underline{\underline{7}}$$

$$, \quad y_0 = t_4 = \underline{\underline{-9}}$$

$$a = 255 = ga' = 3 \times 85 \quad \longrightarrow \quad a' = 85$$

$$b = 198 = gb' = 3 \times 66 \quad \longrightarrow \quad b' = 66$$

$$\text{一般解} \left\{ \begin{array}{l} x = x_0 + b'k = 7 + 66k \\ y = y_0 - a'k = -9 - 85k \end{array} \right. \qquad k \in \mathbb{Z}$$

上記の計算過程は，漸化式 (4.60) を計算している。この過程を表 4.2 に示す。

$$\left. \begin{array}{l} r_{i-1} = r_i \cdot q_i + r_{i+1} \\ s_{i+1} = s_{i-1} - q_i \cdot s_i \\ t_{i+1} = t_{i-1} - q_i \cdot t_i \end{array} \right\} \quad i = 1, 2, \cdots \qquad\qquad (4.60：再掲)$$

表 **4.2** 漸化式 (4.60) の第 i 段目の商と余りと s_{i+1}, t_{i+1} の対応表

i	r_{i-1}	r_i	商 q_i	余り r_{i+1}	s_{i+1}	s_i	t_{i+1}	t_i	
				初期値として代入					
0	—	$r_0 = a$ $= 255$	—	$r_1 = b$ $= 198$	$s_1 = 0$	$s_0 = 1$	$t_1 = 1$	$t_0 = 0$	← ⓪
1	$r_0 = 255$	$r_1 = 198$	$q_1 = 1$	$r_2 = 57$	$s_2 = 1$	$s_1 = 0$	$t_2 = -1$	$t_1 = 1$	← ①
2	$r_1 = 198$	$r_2 = 57$	$q_2 = 3$	$r_3 = 27$	$s_3 = -3$	$s_2 = 1$	$t_3 = 4$	$t_2 = -1$	← ②
3	$r_2 = 57$	$r_3 = 27$	$q_3 = 2$	$r_4 = 3$	$s_4 = 7$	$s_3 = -3$	$t_4 = -9$	$t_3 = 4$	← ③
$L = 4$	$r_3 = 27$	$r_4 = g$ $= \underline{\underline{3}}$	$q_4 = 9$	$r_5 = 0$	s_5 —	$s_4 = x_0$ $= \underline{\underline{7}}$	t_5 —	$t_4 = y_0$ $= \underline{\underline{-9}}$	← ④
5	3	0							

章 末 問 題

【1】 つぎの一次不定方程式の 1 組の解および解の全体を求めなさい。

(1)　$7x - 18y = 1$

(2)　$157x + 68y = 3$

(3)　$45x + 105y = 14$

【2】 10 進 4 桁の自然数 $n_3 n_2 n_1 n_0$ がある。この 4 桁目と 3 桁目の数字を 2 桁目と 1 桁目に，2 桁目と 1 桁目の数字を 4 桁目と 3 桁目にもってきてできた数 $n_1 n_0 n_3 n_2$（例えば，1 234 なら 3 412 となる）は，元の自然数から 1 引いたものの $\dfrac{1}{3}$ 倍となっている。元の自然数を求めなさい。

※ヒント：$1\,234 = 12 \times 100 + 34 \times 1$

$3\,412 = 12 \times 1 + 34 \times 100$

【3】 拡張ユークリッドの互除法アルゴリズム 4.1 を用いて，つぎの一次不定方程式を解きなさい。

$$516x + 159y = g, \quad g = (516, 159) \tag{4.70}$$

【4】 つぎの一次不定方程式の解の全体を求めなさい。

$$94x - 34y = 4 \tag{4.71}$$

【5】 $a, b, c \in \mathbb{N}$ のとき，$(a, c) = 1$, $(b, c) = 1$ であれば，$(ab, c) = 1$ であることを一次不定方程式の解の存在に関する定理を用いて示しなさい。

5 | 合　同　式
—— RSA暗号の暗号鍵の計算に必要 ——

　合同という考え方は，整数論においての基本です。日常生活の中にも，時間，日時など合同の概念を用いた単位を多く見かけることができます。合同の考え方は，7章の RSA暗号において，暗号文を生成したり解読するのに必要となります。5章では，合同の基本的な演算から合同式の解法について学びます。

5.1　合　同　と　は

合同に関するさまざまな演算を行う前に，合同に関する定義や概念を理解する。

定義 5.1　（合同）　整数 a, b の差が 自然数 n の倍数であるとき，a と b とは n を法（modulus）として互いに合同（congruence）であるという。

$$a \equiv b \pmod{n} \qquad n \in \mathbb{N} \tag{5.1}$$

　式 (5.1) を合同式という。

　式 (5.1) はガウスの表記法である。言い換えると，式 (5.1) は

$$\text{「}a\text{ を }n\text{ で割った余り }r\text{」}=\text{「}b\text{ を }n\text{ で割った余り }r\text{」} \tag{5.2}$$

である。式 (5.2) は，$a = n \times q_1 + r$,　$b = n \times q_2 + r$ である。$a - b$ を計算すると

$$a - b = n \times (q_1 - q_2) = n \times k \qquad k \in \mathbb{Z} \tag{5.3}$$

となるので

$$n \mid (a - b) \tag{5.4}$$

と表現できる。したがって，式 (5.1)

$$a \equiv b \ (\text{mod } n)$$

の表現ができる。合同は，幾何学の合同と同語である。式 (5.1) から式 (5.3) までの表現は，n の倍数なる差を無視すれば a も b も同じであることを表している。

日常生活における合同の概念が用いられているおもな単位を以下に示す。

時刻：24 時間制（24 時間表示）であれば (mod 24)，

12 時間制（12 時間表示）であれば (mod 12) など

曜日：日・月・火・水・木・金・土なので (mod 7)

月　：1 月・2 月・3 月・4 月・5 月・6 月・7 月・8 月・9 月・

10 月・11 月・12 月なので (mod 12)

季節：春・夏・秋・冬なので (mod 4)

干支：子・丑・寅・卯・辰・巳・午・未・申・酉・戌・亥なので

(mod 12)

⋮

例題 5.1　つぎの時刻を求めなさい。

（ 1 ）　12 時間表示のとき，9 時から 5 時間後は何時か。

（ 2 ）　24 時間表示のとき，3 時から 8 時間前は何時か。

【解答】　（ 1 ）　12 時間表示のとき，9 時から 5 時間後は何時か。

$$9 + 5 = 14 = 12 \times 1 + 2$$

∴　2 時

求める時間を x として合同式で表すと

$$x \equiv 9 + 5 = 14 \ (\text{mod } 12)$$

$$x \equiv 12 \times 1 + 2$$

∴　$x \equiv 2 \ (\text{mod } 12)$

（ 2 ）　24 時間表示のとき，3 時から 8 時間前は何時か。

$$3 - 8 = -5 = 24 \times (-1) + 19$$

$\therefore$ 19 時

求める時間を x として合同式で表すと

$$x \equiv 3 - 8 \pmod{24}$$

$$x \equiv -5 \pmod{24}$$

$\therefore$ $x \equiv 24 \times (-1) + 19 \pmod{24}$ $\diamondsuit$

合同では,つぎの**反射律** (reflective law),**対称律** (symmetric law),そして**推移律** (transitive law) の**同値関係** (equivalence relation)(**同値律** (equivalence law))を満足する。

定理 5.1 (**同値律**)   合同式はつぎの三つの同値関係(同値律)を満たす。

(1) 反射律 $a \equiv a \pmod{n}$ (5.5)

(2) 対称律 $a \equiv b \pmod{n} \implies b \equiv a \pmod{n}$ (5.6)

(3) 推移律 $a \equiv b \pmod{n} \ \wedge \ b \equiv c \pmod{n}$

$$\implies \ a \equiv c \pmod{n}$$ (5.7)

証明 $n \in \mathbb{N}$ なので,$n \neq 0$ であるから,下記のとおりになる。

(1) 反射律 $a - a = 0 = 0 \cdot n$ $\therefore$ $a - a$ は n の倍数となる。

定義 1.1 から得られる

「(1) 0(零)は任意の整数 $b \, (\neq 0)$ の倍数である」

より反射律は成立する。

(2) 対称律 $a \equiv b \pmod{n} \ \longleftrightarrow \ a - b = k \cdot n \ (k \in \mathbb{Z})$ となる。

一方,$b \equiv a \pmod{n} \ \longleftrightarrow \ b - a = -(a - b) = -k \cdot n$ となり,対称律は成立する。

(3) 推移律

$$\left\{ a \equiv b \pmod{n} \ \longleftrightarrow \ n \mid (a - b) \right\} \wedge \left\{ b \equiv c \pmod{n} \ \longleftrightarrow \ n \mid (b - c) \right\}$$

となる。

一方，$a \equiv c \pmod{n}$ が成立するかは，$a - c$ が n の倍数になっていることを示せば十分である。

$a - c = (a - b) + (b - c)$ となり，定理 1.1 から

$$n \mid (a - c) \quad \longleftrightarrow \quad a \equiv c \pmod{n}$$

または

$$n \mid (a - b) \iff a - b = nk_1 \implies a = b + nk_1$$

$$n \mid (b - c) \iff b - c = nk_2 \implies -c = -b + nk_2$$

$$\therefore \quad a - c = n(k_1 + k_2) \iff n \mid (a - c)$$

$$\therefore \quad a \equiv c \pmod{n}$$

推移律は成立する。   □

5.2 剰余類と剰余系

合同な数を**同類**とし，不合同な数を**異類**として，すべての整数を確定的に分類することが可能である。「n を法としての整数の一つの類」は

n を法として互いに合同なすべての整数の集合

となる。そして，整数を大きさの順に並べて n を法（除数）とすると

その剰余 r は $0, 1, 2, \cdots, n-1$ が周期的に出現

する。

定義 5.2 （剰余類と剰余系（**residue class system**）） n を法としたとき

- 剰余 $0, 1, 2, \cdots, n-1$ を**最小剰余** (least positive residue) という   （式 (5.8) で $t = 0$ のとき）。
- 同じ**剰余**(residue, remainder)r を出す数 $\implies$ n を法として互いに合同な整数，整数の一類を形成する。

- n を法とすると整数は n 類に分けられる。
- 剰余が r の**類**（class）を C_r とすると

$$C_r - \{m = r + n \times t \mid \forall\, t \in \mathbb{Z}\} \qquad 0 \le r \le n-1 \quad (5.8)$$

- n を法とする**剰余類**（residue class, coset）$\implies C_0, C_1, C_2, \cdots, C_{n-1}$

$$(5.9)$$

- $\displaystyle C_0 \cup C_1 \cup C_2 \cup \cdots \cup C_{n-1} = \bigcup_{r=0}^{n-1} C_r{}^{\dagger} = \mathbb{Z}$ $\hspace{2em}(5.10)$

- $r \ne s \implies C_r \cap C_s = \phi$（空集合）　　ただし，$0 \le r,\, s \le n-1$

$$(5.11)$$

- **完全剰余系**（complete system of residues）とは

　　n 類のおのおのから任意の一つの整数を取り出してできた数の組

例題 5.2　mod 7 に関して各縦列がそれぞれ一つの類を構成するような表を作成しなさい。

【解答】　式 (5.8) より，$n = 7,\, m = r + 7 \times t$ として，**表 5.1** を作成する。

　　$7 \mid (m - r) \iff m \equiv r \pmod 7$

表 5.1 から，定義 5.2 を確認してみると，下記のようになる。

　　最小剰余：$\{0, 1, 2, 3, 4, 5, 6\}$

　　$C_r = \{m = r + 7 \times t \mid t \in \mathbb{Z}\}$ 　　ただし，$0 \le r \le 6$

　　$\displaystyle C_0 \cup C_1 \cup C_2 \cup C_3 \cup C_4 \cup C_5 \cup C_6 = \bigcup_{r=0}^{6} C_r = \mathbb{Z}$

$\dagger$ $\displaystyle\bigcup_{r=0}^{n-1} C_r$ は和集合を表す。詳細な意味は「本書で用いるおもな記号とその意味」を参照。

$r \neq s \Rightarrow C_r \cap C_s = \phi$ （空集合）　　ただし，$0 \leqq r, s \leqq 6$

完全剰余系の例：$\{0, 1, 2, 3, 4, 5, 6\}$, $\{14, -13, -5, 3, 11, -2, -8\}$, $\cdots$

表 5.1　$m \equiv r \pmod 7$ の表

t ＼ 剰余 r	0	1	2	3	4	5	6
$\vdots$	$\vdots$	$\vdots$	$\vdots$	$\vdots$	$\vdots$	$\vdots$	$\vdots$
-2	-14	-13	-12	-11	-10	-9	-8
-1	-7	-6	-5	-4	-3	-2	-1
0	0	1	2	3	4	5	6
1	7	8	9	10	11	12	13
2	14	15	16	17	18	19	20
$\vdots$	$\vdots$	$\vdots$	$\vdots$	$\vdots$	$\vdots$	$\vdots$	$\vdots$
	剰余類 C_0	剰余類 C_1	剰余類 C_2	剰余類 C_3	剰余類 C_4	剰余類 C_5	剰余類 C_6

$\diamondsuit$

5.3　合同式に関する基本演算

同一の法の合同式は，**加法**，**減法**，**乗法**に関して等式と同様に扱うことができる。

定理 5.2　（加減乗算）

$$a \equiv a' \pmod n, \quad b \equiv b' \pmod n \tag{5.12}$$

ならば

$$a \pm b \equiv a' \pm b' \pmod n \tag{5.13}$$

$$a \cdot b \equiv a' \cdot b' \pmod n \tag{5.14}$$

$$a^k \equiv a'^k \pmod n \quad (k = 2, 3, \cdots) \tag{5.15}$$

である。

証明 式 (5.12) より

$$a \equiv a' \pmod{n} \implies n \mid (a - a') \tag{5.16}$$

$$b \equiv b' \pmod{n} \implies n \mid (b - b') \tag{5.17}$$

式 (5.13) は

$$(a + b) - (a' + b') = (a - a') + (b - b') \tag{5.18}$$

式 (5.16), (5.17) よりその線形結合式 (5.18) も n の倍数

$$\implies n \mid \{(a + b) - (a' + b') = (a - a') + (b - b')\}$$

$$\therefore \quad a + b \equiv a' + b' \pmod{n} \tag{5.19}$$

符号が負の場合も同様に

$$(a - b) - (a' - b') = (a - a') - (b - b') \tag{5.20}$$

式 (5.16), (5.17) よりその線形結合も n の倍数

$$\implies n \mid \{(a - b) - (a' - b') = (a - a') - (b - b')\}$$

$$\therefore \quad a - b \equiv a' - b' \pmod{n} \tag{5.21}$$

式 (5.14) は

$$a \cdot b - a' \cdot b' = ab - a'b + a'b - a'b' = b(a - a') + a'(b - b')$$

あるいは

$$= ab - ab' + ab' - a'b' = a(b - b') + b'(a - a')$$

式 (5.16), (5.17) よりその線形結合も n の倍数

$$\therefore \quad a \cdot b \equiv a' \cdot b' \pmod{n} \tag{5.22}$$

式 (5.15) は，式 (5.14) で $a = b, a' = b'$ とすれば明らかである。　　□

例題 5.3　式 (5.12) で $a = 100, a' = 1, b = 11, b' = 5, n = 3$ のとき，式 (5.23), (5.24) が成り立つ。

$$a \equiv a' \pmod{3} \implies 100 \equiv 1 \pmod{3} \tag{5.23}$$

$$b \equiv b' \pmod{3} \implies 11 \equiv 5 \pmod{3} \tag{5.24}$$

定理 5.2 の式 (5.13)〜(5.15) を確かめなさい。ただし，$k = 2, 3$ とする。

【解答】　加減算の場合

$$式 (5.13) 左辺 = a \pm b = 100 \pm 11$$
$$= (33 \times 3 + 1) \pm (3 \times 3 + 2)$$
$$= (33 \pm 3) \times 3 + (1 \pm 2)$$
$$\therefore \quad 100 \pm 11 \equiv 1 \pm 2 \pmod 3 \tag{5.25}$$

$$式 (5.13) 右辺 = a' \pm b' = 1 \pm 5$$
$$= (0 \times 3 + 1) \pm (1 \times 3 + 2)$$
$$= (0 \pm 1) \times 3 + (1 \pm 2)$$
$$\therefore \quad 1 \pm 5 \equiv 1 \pm 2 \pmod 3 \tag{5.26}$$

したがって，式 (5.25) 右辺 = 式 (5.26) 右辺となり，式 (5.13) が成立している。

　乗算の場合

$$式 (5.14) 左辺 = a \times b = 100 \times 11$$
$$= (33 \times 3 + 1) \times (3 \times 3 + 2)$$
$$= 33 \cdot 3 \cdot 3 \cdot 3 + 33 \cdot 3 \cdot 2 + 3 \cdot 3 + 2$$
$$= (33 \cdot 3 \cdot 3 + 33 \cdot 2 + 3) \cdot 3 + 2$$
$$\therefore \quad 100 \times 11 \equiv 2 \pmod 3 \tag{5.27}$$

$$式 (5.14) 右辺 = a' \times b' = 1 \times 5$$
$$= (0 \times 3 + 1) \times (1 \times 3 + 2)$$
$$= 0 \cdot 3 \cdot 1 \cdot 3 + 0 \cdot 3 \cdot 2 + 1 \cdot 1 \cdot 3 + 1 \cdot 2$$
$$= 3 + 2$$
$$\therefore \quad 1 \times 5 \equiv 2 \pmod 3 \tag{5.28}$$

したがって，式 (5.27) 右辺 = 式 (5.28) 右辺となり，式 (5.14) が成立している。

　べき乗の場合

　・$k = 2$ のとき：

$$式 (5.15) 左辺 = a^k = 100^2 = (33 \times 3 + 1)^2$$
$$= (33 \cdot 3)^2 + 2 \cdot 33 \cdot 3 + 1^2$$
$$= 33 \cdot (33 \cdot 3 + 2) \cdot 3 + 1$$
$$\therefore \quad 100^2 \equiv 1 \pmod 3 \tag{5.29}$$

$$式 (5.15) 右辺 = a'^k = 1^2 = 1$$
$$\therefore \quad 1^2 \equiv 1 \pmod 3 \tag{5.30}$$

したがって，式 (5.29) 右辺 = 式 (5.30) 右辺となり，$k = 2$ のとき式 (5.15) が成立している。

· $k = 3$ のとき：

$$
\begin{aligned}
\text{式 (5.15) 左辺} = a^k = 100^3 &= (33 \times 3 + 1)^3 \\
&= (33 \cdot 3)^3 + 3 \cdot (33 \cdot 3)^2 + 3 \cdot 33 \cdot 3 \cdot 1 + 1^3 \\
&= \left(33^3 \cdot 3^2 + (33 \cdot 3)^2 + 33 \cdot 3\right) \cdot 3 + 1
\end{aligned}
$$

$$
\therefore \quad 100^3 \equiv 1 \ (\mathrm{mod}\ 3) \tag{5.31}
$$

$$
\text{式 (5.15) 右辺} = a'^k = 1^3 = 1
$$

$$
\therefore \quad 1^3 \equiv 1 \ (\mathrm{mod}\ 3) \tag{5.32}
$$

したがって，式 (5.31) 右辺 = 式 (5.32) 右辺となり，$k = 3$ のとき式 (5.15) が成立している。 ◇

例題 5.4 今日は水曜日とする。10^6，10^{100}，3^{100} 日後はそれぞれ何曜日となるか。

【解答】 与えられた数字を 7 で割り，余りが 0 なら水曜日，1 なら木曜日，$\cdots$，6 なら火曜日となる。

· 10^6 日後の場合

参考 5.1 の式 (5.37) の 2 項定理を使うことにより（または定理 5.2 の式 (5.15) から説明可）

$$
10^6 = (7 + 3)^6 = \sum_{k=0}^{5} \binom{6}{k} 7^{6-k} 3^k + 3^6 = 7 \sum_{k=0}^{5} \binom{6}{k} 7^{5-k} 3^k + 3^6 \tag{5.33}
$$

式 (5.33) 右辺第 1 項は

$$
7 \sum_{k=0}^{5} \binom{6}{k} 7^{5-k} 3^k \equiv 0 \ (\mathrm{mod}\ 7) \tag{5.34}
$$

$$
\because \quad \sum_{k=0}^{5} \binom{6}{k} 7^{5-k} 3^k \in \mathbb{Z}
$$

したがって，式 (5.33)，(5.34) と式 (5.13) より

$$
10^6 = (7 + 3)^6 \equiv 3^6 \ (\mathrm{mod}\ 7) \tag{5.35}
$$

$$
3^6 = 9^3 = (7 + 2)^3 = 7 \sum_{k=0}^{2} \binom{3}{k} 7^{2-k} 2^k + 2^3 \equiv 2^3 \ (\mathrm{mod}\ 7) \tag{5.36}
$$

$$2^3 = 8 = 7 + 1 \equiv 1 \pmod 7$$

$$\therefore \quad 10^6 \equiv 1 \pmod 7 \quad \Longleftrightarrow \quad \text{木曜日}$$

・10^{100} 日後の場合

同様に，2項定理と前問の結果 $10^6 \equiv 1 \pmod 7$ を使うことにより

$$10^{100} = 10^{6 \cdot 16 + 4} = \left(10^6\right)^{16} \cdot 10^4 \equiv 1^{16} \cdot 10^4 \pmod 7$$

$$10^4 = (7 + 3)^4 \equiv 3^4 \pmod 7$$

となり

$$3^4 = 9^2 = (7 + 2)^2 \equiv 2^2 \pmod 7$$

$$\therefore \quad 10^{100} \equiv 4 \pmod 7 \quad \Longleftrightarrow \quad \text{日曜日}$$

・3^{100} 日後の場合

2項定理と 10^{100} の結果を用いる。

$$10^{100} = (7 + 3)^{100} \equiv 3^{100} \pmod 7$$

$$\therefore \quad 3^{100} \equiv 10^{100} \pmod 7 \quad \Longleftrightarrow \quad \text{日曜日} \qquad\qquad \diamondsuit$$

参考 5.1 （2項定理（binomial theorem））

$$(a + b)^n = \sum_{k=0}^{n} \binom{n}{k} a^{n-k} b^k \qquad\qquad (5.37)$$

$$= \sum_{k=0}^{n-1} \binom{n}{k} a^{n-k} b^k + b^n = a \sum_{k=0}^{n-1} \binom{n}{k} a^{n-1-k} b^k + b^n$$

5.4　合同式の除法

5.3 節では，合同式の四則演算のうち，加減乗算のみを扱った。では，**除算**は下記のように単純に行えるのか。

$$ac \equiv bc \pmod n \quad \Longrightarrow \quad a \equiv b \pmod n \quad ?$$

まず，具体的な例「$a = 5$, $b = 2$, $c = 2$, $n = 6$」について考えてみる。

$$ac = bc \qquad (\mathrm{mod}\ 6)$$

$$5 \times 2 \equiv 2 \times 2 \qquad (\mathrm{mod}\ 6) \tag{5.38}$$

$$5 \times 2 - 2 \times 2 \equiv 0 \qquad (\mathrm{mod}\ 6)$$

$$2(5 - 2) \equiv 0 \qquad (\mathrm{mod}\ 6) \tag{5.39}$$

したがって，式 (5.39) 左辺は 6 の倍数となるので

$$6k = 2(5 - 2) \tag{5.40}$$

2 は 6 の倍数ではない。

$$2 \not\equiv 0 \ (\mathrm{mod}\ 6)$$

では，単純に $5 - 2$ は 6 の倍数となっているか。

式 (5.38) の両辺を 2 で割ると

$$5 \equiv 2 \ (\mathrm{mod}\ 6)$$

となるが実際は

$$5 \not\equiv 2 \ (\mathrm{mod}\ 6)$$

この具体例から，一般化してみると，以下の議論となる。

$ac \equiv bc \ (\mathrm{mod}\ n)$ のとき

$$c(a - b) \equiv 0 \ (\mathrm{mod}\ n) \iff n \mid \{c(a - b) = nk\} \tag{5.41}$$

式 (5.41) で，「c が n の倍数でない」$\implies$「$(a - b)$ は n の倍数になっている」か？

$c \not\equiv 0 \ (\mathrm{mod}\ n)$ のとき

$$c = nk' + r \qquad 1 \leqq r < n,\ r \in \mathbb{N} \tag{5.42}$$

式 (5.41) より

$$c(a - b) = (nk' + r)(a - b) = nk \tag{5.43}$$

すると

$$a - b \equiv 0 \ (\mathrm{mod}\ n) \iff a - b = nk'' \tag{5.44}$$

式 (5.43) へ式 (5.44) を代入すると

$$左辺 = c(a - b) = (nk' + r)(a - b) = (nk' + r)nk'' = nk = 右辺$$

したがって

$$(nk' + r)k'' = k \iff (nk' + r) \mid k$$

しかし, k が $(nk' + r)$ の倍数になっている保証はない。

$\therefore$ $a - b \equiv 0 \pmod{n}$ が成り立つとは限らない。   (5.45)

これらのことから, 合同式で除算が可能かどうかはつぎの定理により決まる。

定理 5.3 (除算 (**division**))

$$ac \equiv bc \pmod{n} \tag{5.46}$$

のとき

(1)   特に, $(c, n) = 1$ ならば

$$a \equiv b \pmod{n} \tag{5.47}$$

(2)   一般に $(c, n) = g > 1$, $n = n'g$ とおくと

$$a \equiv b \left(\mathrm{mod}\ n' = \frac{n}{g} \right) \tag{5.48}$$

となる。

証明   (1) $(c, n) = 1$ のとき, 式 (5.46) より $n \mid \{ac - bc = c(a - b)\}$ かつ $(c, n) = 1$ より c と n は互いに素

$$\left(\because\ c(a - b) = nk \iff k = c\frac{a - b}{n}\quad k \in \mathbb{Z} \right)$$

$$\therefore\ n \mid (a - b) \implies a \equiv b \pmod{n}$$

(2) $(c, n) = g > 1$ のとき, 式 (5.47) より $n = n'g$ また $c = gc'$ とおくと, $(n', c') = 1$ となる。したがって

$$n \mid \{(ac - bc) = c(a - b)\} \iff (n'g) \mid \{c'g(a - b)\}$$

となり, c' と n' は互いに素

$$\left(\because\ c'g(a - b) = n'gk \iff k = c'\frac{a - b}{n'}\quad k \in \mathbb{Z} \right)$$

$$\therefore \quad n' \mid (a - b) \implies a \equiv b \left(\bmod n' = \frac{n}{g}\right) \qquad \square$$

例題 5.5   つぎの合同式の除算ができるか定理 5.3 を適用してみなさい。

(1) $69 \equiv 6 \pmod 7$

(2) $96 \equiv 40 \pmod{14}$

【解答】 (1) $\mathrm{GCD}(69, 6) = (69, 6) = 3$ より

$23 \cdot 3 \equiv 2 \cdot 3 \pmod 7$

$(3, 7) = 1$ より定理 5.3(1) の場合なので，3 で割り切れる。

$\therefore \quad 23 \equiv 2 \pmod 7$

［検算］ $23 - 2 = 7 \times 3 \quad \therefore \quad 7 \mid (23 - 2)$

(2) $\mathrm{GCD}(96, 40) = (96, 40) = 8$ より

$$12 \times 8 \equiv 5 \times 8 \pmod{14} \tag{5.49}$$

$(8, 14) = 2$ より定理 5.3 (2) の場合なので，8 で割るとともに，$n' = \dfrac{14}{2}$ となる。

$$\begin{pmatrix} \because \quad \text{式 (5.49) の両辺を 8 と 14 の最大公約数 2 で割り，} \\ 12 \times 4 \equiv 5 \times 4 \pmod 7 \text{ となる。} \\ (4, 7) = 1 \text{ なので 4 で割れる。} \end{pmatrix}$$

$\therefore \quad 12 \equiv 5 \pmod 7$

［検算］ $12 - 5 = 7 \quad \therefore \quad 7 \mid (12 - 5)$ $\qquad \diamondsuit$

5.5   一次合同式の解法

合同式の一般的な定義を示す。

定義 5.3 （合同式） $f(x)$ が整数係数の多項式であるとき，合同式

$$f(x) \equiv 0 \pmod n \tag{5.50}$$

を満足させる未知数 $x \in \mathbb{Z}$ を求めることを合同式を解くという。

式 (5.50) の一つの解を x_0 として

$$x_0 \equiv x_1 \pmod{n} \tag{5.51}$$

とすれば

$$f(x_0) \equiv f(x_1) \pmod{n} \tag{5.52}$$

となり，n を法として x_0 と同類な数はすべて式 (5.50) の解である。

定義 5.3 を下記の具体的な例で確認する。

例えば，$x_0 = 3$, $x_1 = 7$, $n = 4$, $f(x) = ax - 3$, $a = 5$ とする。

$$f(x_0) = ax_0 - 3 = 5 \times 3 - 3 = 12 = 4 \times 3$$

$$f(x_0) = 12 \equiv 0 \pmod{4}$$

したがって，$x_0 = 3$ は $f(x) = ax - 3 = 5x - 3 \equiv 0 \pmod{4}$ の一つの解

$$x_1 = 7 = 4 \times 1 + 3 = 4 \times 1 + x_0$$

したがって，$x_0 \equiv x_1 \pmod{4}$ となり，式 (5.51) を満足している。

$$f(x_1) = ax_1 - 3 = 5 \times 7 - 3 = 32 = 4 \times 8$$

$$f(x_1) = 32 \equiv 0 \pmod{4}$$

$$\therefore \quad f(x_0) \equiv f(x_1) \pmod{4}$$

したがって，この例では定義 5.3 の式 (5.52) が成り立っている。

5.5.1 一 次 合 同 式

つぎに，RSA 暗号に必要になる式 (5.50) で未知数が一つになった一次合同式と 4 章で扱った一次不定方程式の関係を調べる。

定義 5.4 （一次合同式）　　自然数 n，整数 a, b に対して

$$ax \equiv b \pmod{n} \tag{5.53}$$

を満足させる未知数 $x \in \mathbb{Z}$ を求めることを合同式を解くといい，式 (5.53) を一次合同式という。

5.5.2 一次不定方程式と一次合同式の関係

ここでは，4章で学んだ一次不定方程式 (4.2) と一次合同式 (5.53) の関係について見てみる。

定理 5.4 （一次合同式と一次不定方程式の関係）　　式 (5.53) の一次合同式 $ax \equiv b \pmod{n}$ を解くことは

$$一次不定方程式 \quad ax + ny = b$$

を解くことと同じである。

第明　式 (5.53) より
$$n \mid (ax - b) \iff ax - b = ny \qquad y \in \mathbb{Z}$$
上式を変形すると
$$ax + n(-y) = b$$
$-y \longrightarrow y$ とおくことにより
$$ax + ny = b \tag{5.54}$$
$\square$

参考 4.1 の表現を一次合同式から導出した一次不定方程式 (5.54) に当てはめると

右辺の定数項 b が，未知数 x, y の係数 a, n の最大公約数 $g = (a, n)$ の倍数
となり，つぎの 5.5.3 項の一次合同式の解の存在条件式 (5.55) が得られる。

5.5.3 一次合同式の解

定理 5.4 から，一次不定方程式のすべての解法を求めるための定理 4.2 から，つぎの解法のための定理が導き出される。

定理 5.5 （一次合同式の解）   一次合同式

$$ax \equiv b \pmod{n} \tag{5.53：再掲}$$

において，$g = (a, n)$ とおくと，つぎのことが成り立つ。

（1）　解の存在条件：式 (5.53) は

$$g \mid b \tag{5.55}$$

のときにのみ解をもち

$$n = n'g \tag{5.56}$$

$$a = a'g \tag{5.57}$$

$$b = b'g \tag{5.58}$$

とすると

$$a'x \equiv b' \pmod{n'} \quad (a', n') = 1 \tag{5.59}$$

を解くのと同じである。式 (5.53) の解は，式 (5.53) の一つの解を x_1 とすると，定理 4.3 の式 (4.26) より，解の全体は

$$x = x_1 + n'k \quad k \in \mathbb{Z} \tag{5.60}$$

（2）　式 (5.55) が成立するとき，式 (5.53) において

　　n を法としての解の個数は g 個

である。したがって，一次合同式 (5.53) の解は n を法として

$$x = x_1 + n'i \quad n' = \frac{n}{g} \quad 0 \le i < g$$

の g 個である。一次合同式では，n を法として互いに合同な解は同一とみなす。

証明　定理 5.5 (1) は，一次不定方程式の解の存在定理 4.2 そのものである。解は定理 4.2 の式 (4.26) より求められる。

　式 (5.53) より

$$n \mid (ax - b) \iff ax - b = ny \iff ax - ny = b$$

a も n も g の倍数だから，線形結合も g の倍数となる。

$$\therefore \quad g \mid b$$

ここで, $b = b'g$ とおくと

$$ax - ny = b$$
$$a'gx - n'gy = b'g$$
$$a'x - n'y = b' \iff a'x - b' = n'y$$
$$n' \mid (a'x - b') \iff a'x \equiv b' \left(\bmod n' = \frac{n}{g}\right)$$

ここで, $ax \equiv g \pmod{n}$ の一つの解を x_0 とすると

$$ax_0 \equiv g \pmod{n}$$

ここで, 上式を b' 倍すると

$$a(b'x_0) \equiv gb' = b \pmod{n}$$

すると, $x_1 = b'x_0$ は式 (5.53) の一つの解となっている。

定理 5.5 (2) の証明は, つぎのようになる。

$x = x_1, x_2$ が整数 k_1, k_2 に関して, n を法として合同になるのは, 定理 4.3 より

$$x_1 = x_0 + n'k_1 \equiv x_0 + n'k_2 = x_2 \pmod{n}$$
$$n'k_1 \equiv n'k_2 \pmod{n}$$

したがって

$$n \mid (n'k_2 - n'k_1) \iff (n'g) \mid n'(k_2 - k_1) \iff g \mid (k_2 - k_1)$$
$$\therefore \quad k_1 \equiv k_2 \pmod{g}$$

i.e. $k_2 - k_1$ が g で割り切れるとき, k の二つの値 k_1, k_2 に関して合同となる。

$$0 \leqq k_1 < k_2 \leqq g - 1$$
$$1 \leqq k_2 - k_1 \leqq g - 1 < g$$
$$\therefore \quad 0 < \frac{k_2 - k_1}{g} < 1$$

したがって, g を法として互いに異類なものは g 類存在する。

この n を法として互いに合同ではない解は

$$x = \underset{\sim}{x_0 + n' \times i} + n' \times k \quad \text{ただし,} \ \underset{\sim}{i = 0, 1, \cdots, g-1}, \quad k \in \mathbb{Z}$$

$$\tag{5.61}$$

$$= x_0 + n'(i + k) = x_0 + n'K \quad \text{ただし,} \ K = i + k, \ K \in \mathbb{Z}$$

$$\tag{5.62}$$

の g 個存在する。 $\qquad\qquad\qquad\qquad\qquad\qquad\qquad\qquad\qquad\qquad$ □

5.5.4 一般的な解法の手順

一次合同式

$$ax \equiv b \pmod{n} \tag{5.53：再掲}$$

の解を求める手順を示す。

利用する定理，アルゴリズム：定理 5.5，アルゴリズム 4.1

（定理 4.3 の式 (4.26)）

手順 1： a と n の最大公約数 $(a, n) = g$ を求める。

利用するアルゴリズム：アルゴリズム 3.1

手順 2： b を g で割る：割り切れるか否かにより解の存在を確かめる。

（1） $g \nmid b \implies$ 解は存在しないので終了する $\tag{5.63}$

（2） $g \mid b$ が成立 $\implies$ 解は存在する，$b = gb'$ とする $\tag{5.64}$

手順 3： 一つの解と全体の解を求める：(a, n) の値により解の個数が異なる。

（1） $(a, n) = 1 \implies$ 唯一の解 x_1 をもつ

全体の解：$x = x_1 + nk \qquad k \in \mathbb{Z} \tag{5.65}$

（2） $(a, n) = g > 1 \implies$ 式 (5.53) と式 (5.59) は同じ

式 (5.59) は唯一の解 x_1 をもつ

$$\left\{ \begin{array}{l} \text{一次合同式 } ax \equiv g \pmod{n} \text{ の一つの解 } x_0 \text{とすると全体の解は} \\ \qquad x = x_1 + n'k = b'x_0 + \left(\dfrac{n}{g}\right) k \tag{5.66} \\ \qquad \text{ただし，} b = b'g,\ x_1 = b'x_0,\ n = n'g,\ k \in \mathbb{Z} \\ \text{となり，}\underline{n \text{ を法としての意味で}} \\ \qquad x = x_1 + n'i \qquad 0 \leqq i < g \tag{5.67} \\ \text{と } g \text{ 個の解をもつ。} \end{array} \right.$$

$$\left(\begin{array}{ll} \because \qquad ax_0 \equiv g & \pmod{n} \\ a(b'x_0) \equiv b'g = b & \pmod{n} \\ \qquad ax_1 \equiv b & \pmod{n} \\ \therefore \quad x_1 = b'x_0 & \end{array} \right)$$

手順 3 をまとめるとつぎのようになる。

- $(a, n) = g \geqq 1$, $n = n'g$ とする。
- 式 (5.59) は唯一の解 x_1 をもつ。
- 解全体は

$$x = x_1 + (i + n') + k \tag{5.68}$$

$$\text{ただし,}\ 0 \leqq i < g,\ n' = \frac{n}{g},\ k \in \mathbb{Z}$$

となる。ここで,x_1 は式 (5.59) の解の中で最小の正の整数を用いると g 個のイメージをつかみやすい。例題 5.6（後出）が $g = 1$ の例である。また,例題 5.7（後出）が $g > 1$ の例であり,独立な g 個の解のイメージを表 5.2（後出）で確認できる。

この手順は,4.2.4 項の定理 4.3 および補題 4.3 とを対応づけて考えるとよい。つまり,4.2.4 項の一次不定方程式のすべての解:$g \mid c$ の場合

$$ax + by = c \qquad \text{ただし,}\ (a, b) = g,\ c \in \mathbb{Z} \tag{4.2:再掲}$$

と,式 (5.53) の合同式 $ax \equiv b \pmod{n}$ のすべての解:$g \mid b$ の場合

$$ax + ny = b \tag{5.54:再掲}$$

と対応づけられる。したがって,上記手順 3 は,補題 4.3 との対応づけを考えることでつぎの補題となる。

補題 5.1 （合同式のすべての解:$g \mid b$ の場合）

$$ax \equiv b \pmod{n} \iff ax + ny = b \qquad \text{ただし,}\ (a, n) = g$$
$$\tag{5.54:再掲}$$

ここで,$a = ga'$, $n = gn'$, $b = b'g$ とする。

式 (5.54) のすべての解は,$ax + ny = g$ の 1 組の解を (x_0, y_0) とすると,つぎの一般解

$$\begin{cases} x = x_1 + n'k = b'x_0 + n'k & \text{(5.66：再掲)} \\ y = y_1 - a'k = b'y_0 - a'k \end{cases}$$

を得る。ここでは，x に関する一次合同式を，x と y に関する一次不定方程式に変形して解を求めた。したがって，x が求まれば十分なので，y は網掛けにしている。

5.5.5 $(a, n) = 1$ のときの解法（一次合同式の別解法）

一次合同式

$$ax \equiv b \pmod{n} \tag{5.53：再掲}$$

において，$(a, n) = 1$ のときには，唯一の解をもつので，つぎの手順で解を求められる。

$$nx \equiv 0 \pmod{n} \tag{5.69}$$

式 (5.53) と式 (5.69) のそれぞれの x の係数 a, n を演算操作して，x の係数が 1 となる合同式

$$x \equiv x_0 \pmod{n} \tag{5.70}$$

とすれば，式 (5.53) の解は

$$x = x_0 \tag{5.71}$$

と求められる。

$(a, n) = g > 1$ では，式 (5.59) を求め，上記の過程により，n' を法とした合同式の解が $x = x_1$ となる。

例題 5.6 5.5.5 項の解法を用いて，つぎの合同式を解きなさい。

$$7x \equiv 1 \pmod{18} \tag{5.72}$$

【解答】 $(7, 18) = 1$ なので一つの解をもつ。

解答例 1

$$18x \equiv \quad 0 \quad (\text{mod } 18) \tag{5.73}$$

$$式 (5.72) \times 2 \qquad 14x \equiv \quad 2 \quad (\text{mod } 18) \tag{5.74}$$

$$式 (5.73) - 式 (5.74) \quad 4x \equiv -2 \quad (\text{mod } 18) \tag{5.75}$$

$$式 (5.72) - 式 (5.75) \quad 3x \equiv \quad 3 \quad (\text{mod } 18) \tag{5.76}$$

$(3, 18) = 3 \neq 1$ なので，$x \equiv 1 \ (\text{mod } 18)$ は成り立たない。

式 (5.76) は $x \equiv 1 \ (\text{mod } 6)$ は 18 を法として 3 個の解をもつ。

$$x = 1 + 6 \times 0, \ 1 + 6 \times 1, \ \underline{1 + 6 \times 2}$$

$$式 (5.75) - 式 (5.76) \qquad x \equiv -5 \quad (\text{mod } 18)$$

$$\therefore \quad x \equiv 13 \quad (\text{mod } 18)$$

解答例 2

$$18x \equiv \quad 0 \quad (\text{mod } 18)$$

$$式 (5.73) \times 2 \qquad 36x \equiv \quad 0 \quad (\text{mod } 18) \tag{5.77}$$

$$式 (5.72) \times 5 \qquad 35x \equiv \quad 5 \quad (\text{mod } 18) \tag{5.78}$$

$$式 (5.77) - 式 (5.78) \qquad x \equiv -5 \quad (\text{mod } 18)$$

$$\therefore \quad x \equiv 13 \quad (\text{mod } 18)$$

したがって，合同でない解の個数は 1 個 $x = 13$ なので，解全体は

$$\therefore \quad x = 13 + 18k \qquad k \in \mathbb{Z} \qquad\qquad \diamondsuit$$

例題 5.7 つぎの合同式を解き，合同ではない解を求めなさい。さらに，解全体も求めなさい。

$$15x \equiv 21 \ (\text{mod } 33) \tag{5.79}$$

【解答】 $g = (15, 33) = 3$，かつ，$b = 21$ より，$g \mid b$ なので 33 を法として $g = 3$ 個の合同でない（独立な）解をもつ。したがって

$$n' = \frac{n}{g} = \frac{33}{3} = 11$$

となる。

$$3 \times 5x \equiv 3 \times 7 \ (\text{mod } 3 \times 11) \tag{5.80}$$

$$5x \equiv \quad 7 \ (\text{mod } 11) \tag{5.81}$$

$$11x \equiv \quad 0 \ (\text{mod } 11) \tag{5.82}$$

式 (5.82) − 式 (5.81) × 2 $x \equiv -14 \pmod{11}$

$$x \equiv 8 \pmod{11} \tag{5.83}$$

式 (5.79) の一つの解 $x_1 = 8$ となるので，33 を法として合同でない解の個数は 3 個

$$x = x_1 + n'i = 8 + 11i \qquad 0 \leqq i \leqq 2$$

したがって，解全体は

$$\therefore \quad x = 8 + 11K \qquad K \in \mathbb{Z}$$

[検算] $x_1 = 8$ を式 (5.79) に代入すると

$$15 \times 8 = 33 \times 3 + 21$$

◎ 33 を法とした 3 個の合同でない解の一覧を表 5.2 に示す。

$$x = (8 + 11i) + 11k \qquad k \in \mathbb{Z} \tag{5.84}$$

$$0 \leqq i \leqq 2 \quad (33 \text{ を法として合同でない（異なる解，独立な解）：3 個})$$

$$= 8 + 11(i + k)$$

$$= 8 + 11K \qquad K \in \mathbb{Z} \tag{5.85}$$

表 5.2 33 を法とし合同ではない（独立な）解の一覧

K	i	k	$x=(8+11i)$ $+11k$ 式 (5.84)	(mod 11)	$x=15x$ 式 (5.79)	(mod 33)	$x=8+11K$ 式 (5.85)	$x=15x$ 式 (5.79)	(mod 33)
0	0	0	8	8	120	21	8	120	21
1	1	0	19	8	285	21	19	285	21
2	2	0	30	8	450	21	30	450	21
3	0	1	19	8	285	21	41	615	21
4	1	1	30	8	450	21	52	780	21
5	2	1	41	8	615	21	63	945	21
6	0	2	30	8	450	21	74	1 110	21
7	1	2	41	8	615	21	85	1 275	21
8	2	2	52	8	780	21	96	1 440	21
9	0	3	41	8	615	21	107	1 605	21
10	1	3	52	8	780	21	118	1 770	21
11	2	3	63	8	945	21	129	1 935	21
12	0	4	52	8	780	21	140	2 100	21
13	1	4	63	8	945	21	151	2 265	21
14	2	4	74	8	1 110	21	162	2 430	21
15	0	5	63	8	945	21	173	2 595	21
⋮	⋮	⋮	⋮	⋮	⋮	⋮	⋮	⋮	⋮

章　末　問　題

【1】 整数 a, b がある。a を b で割った余りを求めなさい。

　(1)　$a = 6^{99}$, $b = 7$

　(2)　$a = 7^{100}$, $b = 5$

【2】 n を法として剰余が r の類は $C_r = \{r + n \times k \mid 0 \le r \le n - 1, \ k \in \mathbb{Z}\}$ である。6 を法として各縦列がそれぞれ一つの類を構成するように，**表 5.3** の空欄を埋めなさい。

表 5.3

k ＼ 剰余 r						
-3						
0						
1						

【3】 つぎの一次合同式を解きなさい。

　(1)　$7x \equiv -1 \pmod{24}$

　(2)　$15x \equiv 11 \pmod{45}$

　(3)　$65x \equiv 39 \pmod{117}$

【4】 つぎの合同式を解き，合同ではない解を求めなさい。さらに，解全体も求めなさい。

$$65x \equiv 26 \pmod{39} \tag{5.86}$$

【5】 つぎの一次不定方程式を合同式の解法を用いて解きなさい。

$$516x + 159y = g \qquad g = (516, 159) \tag{5.87}$$

【6】 つぎの合同式を拡張ユークリッドの互除法アルゴリズム，ユークリッドの互除法，5.5.5 項の 3 種類の方法で解きなさい。

$$95x \equiv 38 \pmod{228} \tag{5.88}$$

【7】 a を 10 進数で表して

$$10^n \times a_n + 10^{n-1} \times a_{n-1} + \cdots + 10 \times a_1 + 10^0 \times a_0$$

とすれば

$$a \equiv a_n + a_{n-1} + \cdots + a_1 + a_0 \qquad \text{(mod 9)} \qquad (5.89)$$

$$a \equiv (-1)^n a_n + (-1)^{n-1} a_{n-1} + \cdots - a_1 + a_0 \qquad \text{(mod 11)} \qquad (5.90)$$

となることを示しなさい。

【8】 22 360 679 を 9 で割った余りと，11 で割った余りを求めなさい。

【9】 30 人の学内 CG グランプリ参加者がいる。参加者は，大学オリジナルワイン 5 本を参加賞として受け取ることができる。参加賞のワインはダース（12 本）単位で木箱に梱包されている。参加賞受け取り窓口で渡したところ，配りかけの箱に 2 本残っている。ただし，木箱は順番に 1 箱ずつ開けられて，空になったらつぎの木箱が開けられるものとする。参加賞を受け取りに来た人数を x として，x を求める一次合同式と，x の範囲を表す式を求めなさい。そして，参加賞を受け取りに来た人数を求めなさい。

6 | 素　　　　数
── RSA暗号を根底から支える数 ──

　素数の研究は古く古代ギリシャの数学者 ユークリッドの編纂した「原論」に
も記されています。そして，素数を確実に見つけられる唯一の方法は，古代ギ
リシャの数学者 エラトステネスが考案したとされる「エラトステネスの 篩 」
です。簡単に素数かどうか判定する方法がないなど，素数の性質には未知の部
分が多く存在しています。素数の桁数が巨大になればなるほど素因数分解の困
難さが増大します。巨大な桁数の数の素因数分解は，スーパーコンピュータを
使用しても膨大な時間を要します。2017年12月に見つかった2324万9425
桁の50番目のメルセンヌ素数（Mersenne prime）$M_{77232917} = 2^{77232917} - 1$
です。現在（2020年3月）までに見つかっている最大の素数は，2018年12
月に2486万2048桁の51番目のメルセンヌ素数 $M_{82589933} = 2^{82589933} - 1$
です。これまでに発見された素数の上位8位までがすべてメルセンヌ数となっ
ています。なお，メルセンヌ数（Mersenne number）M_n とは，「2のべき乗
より1少ない自然数 $= 2^n - 1 = M_n$」です。そして，それが素数のとき，メ
ルセンヌ素数と呼ばれています。

　このさまざまな困難さや未解明の性質により，巨大な桁数の素数を用いた
暗号化技術が用いられています。一般に，RSA暗号には300〜1000桁程度
の素数が用いられています。

　6章では，RSA暗号を理解するうえで必要となる，素数にまつわるさまざ
まな定理や関数について学びます。

RSA暗号の手順のまとめ

　6章で素数を学ぶ前に，7章で学ぶRSA暗号の生成手順と，それに必要な知
識の関係を**表6.1**に示す。

表 6.1   RSA 暗号の手順と必要な知識

RSA 暗号の手順	必要な知識
（1）　$n = p \times q$　　ただし，p, q は相異なる奇素数	素数（6.1 節）
（2）　$\mathrm{GCD}(e, \varphi(n)) = (e, \varphi(n)) = 1$ となる e を求める	オイラーの関数（6.2 節）
（3）　$ed \equiv 1 \pmod{\varphi(n)}$ を満たす d を求める 　　　n, e を公開鍵，d を秘密鍵とする	一次合同式の解法（5.5.5 項）
（4）　$A \xrightarrow{\text{暗号化}} A',\quad A' \equiv A^e \pmod{n}$ （5）　$A' \xrightarrow{\text{復号}} A,\quad A \equiv (A')^d \pmod{n}$ $\Big\}$ $A^{ed} \equiv A \pmod{n}$	フェルマーの小定理（6.3.1 項） ◇なぜ，$A^{ed} \equiv A \pmod{n}$ が 　成立する？ $\Longrightarrow$　定理 6.14（6.3.2 項）

ただし，A：平文，A'：暗号文

注）　奇素数：2 以外の素数

6.1　素　数　と　は

RSA 暗号では二つの（大きな）素数 p, q を掛け合わせることにより，一つ目の公開鍵 n を作成する。このとき，p, q は秘密にしておく必要がある。

- n を公開しても p, q を秘密にできるの？（素因数分解の難しさ）
- 鍵が足りなくなることはないの？（素数の分布）
- 大きな素数を効率よく見つける方法は？（エラトステネスの篩，メルセンヌ素数，素数判定法）

素数と合成数の定義を述べる。

6.1.1　素　数　の　定　義

定義 6.1　（**素数と合成数**）　　2 以上の自然数 n が 1 とその自然数以外の正の約数をもたないとき，n を**素数**（prime number）という。

　素数でない 2 以上の自然数で，1 でも素数でもない自然数を**合成数**（composite number）という。

小さいほうから 10 個の素数は，2, 3, 5, 7, 11, 13, 17, 19, 23, 29 である。そして，10^9（10 億）までの素数の数は 50 847 534 個である。

参考 6.1　（真の約数）　n を自然数とするとき，± 1 と $\pm n$ 以外の n の約数を**真の約数**（proper divisor）という。したがって，素数とは「$n \neq 1 \wedge$ 真の約数をもたない」自然数である。また，合成数とは，真の約数をもつ n である。

正の約数の個数で見ると，非負の整数はつぎの 4 種類に分類できる。

(1)　　0　　無限に多くの約数をもつ

(2)　　1　　ただ一つの約数をもつ

(3)　　素数　　2 個の約数をもつ　　　　：真の約数をもたない

(4)　　合成数　　3 個以上の約数をもつ　　：真の約数をもつ

自然数 1（単数）は，自分自身の 1 しか約数がなく，素数にも合成数にも分類しない。

定理 6.1　（合成数と約数）　N が合成数のとき，N は $\sqrt{N}$ 以下の真の約数を必ずもつ。

証明　N は合成数 $\longrightarrow N = a \times b$ と表せる。ただし，$1 < a \leqq b$，a, b は自然数である。

$$N = a \times b \geqq a \times a = a^2 \implies \sqrt{N} \geqq a \ (a \text{ は } N \text{ の約数だから})$$

$\therefore$　N は $\sqrt{N}$ 以下の真の約数を必ずもつ。　　　　　　　□

6.1.2　素因数分解の難しさ

ここでは，RSA 暗号の原理において重要な，巨大な自然数に対する**素因数分解**（prime factorization）が難しい（膨大な時間を要する）ことについて学ぶ。はじめに，素因数分解に関する定義を以下に示す。

定義 6.2　（素因数分解）　合成数 N は，素数の積に一意的に分解できる。その分解の仕方は，素数の順序に依存しない。合成数の約数である素数を**素因数**（prime factor）と呼ぶ。

例題 6.1　120 を素因数分解しなさい。

【解答】

$$120 = 2 \times 2 \times 2 \times 3 \times 5 = 2^3 \times 3^1 \times 5^1$$

と素因数分解できる。

　ここで，定理 6.3 を具体的な数字で確認しておくと

$$
\begin{aligned}
120 = 2 \times 2 \times 2 \times 3 \times 5 &= 2^3 \times 3^1 \times 5^1 \\
&= 3^1 \times 2^3 \times 5^1 \\
&= 5^1 \times 2^3 \times 3^1 \\
&\quad \vdots
\end{aligned}
$$

となり，素数の掛ける順番に関係ないことがわかる。　　　　　　　　　$\diamondsuit$

定理 6.2　（素因数）　2 以上の自然数 N は少なくとも 1 個の素因数をもつ。

証明	N が素数 $\implies$ N 自身が素因数

N が合成数 $\implies N = a \times b, \ 1 < a < N$
　　　　　a が素数なら題意を満たす。
　　　　　a が合成数とする　$\longrightarrow$　$a = a_1 \times c_1, \ 1 < a_1 < a < N$
　　　　　a_1 が素数なら題意を満たす。
　　　　　a_1 が合成数とする　$\longrightarrow$　$a_1 = a_2 \times c_2,$
　　　　　　　　　　　　　　　　　$1 < a_2 < a_1 < a < N$
　　　　$\vdots$　以下同様の議論で
　　　　　$a_k = a_{k+1} \times c_{k+1}, \ 1 < a_{k+1} < a_k \ (k = 2, 3, \cdots < N)$

a_{k+1} は単調減少で 1 でないので，有限回の操作で必ず素数になる。   □

定理 6.3 （素因数分解の一意性）   2 以上の自然数 N は素数の積に一意に分解される。

証明   素数の積に分解できることと，その分解が 1 通りであることをそれぞれ証明する。

・素数の積への分解の証明

$$N \text{ 自身が素数} \implies \text{定理は成立}$$

N が合成数のとき

N が合成数   定理 6.2 より，N は少なくとも一つの素数 p_1 で割り切れる。
$i.e.\ p_1 \mid N \longrightarrow N = p_1 \times N_1\ (0 < N_1 < N)$
したがって，$N_1 = p_2$ が素数 $\implies N = p_1 \cdot p_2$
定理は成立する。

N_1 が合成数   定理 6.2 より，N_1 は少なくとも一つの素数 p_2 で割り切れる。
$i.e.\ p_2 \mid N_1 \longrightarrow N = p_1 \times p_2 \times N_2\ (0 < N_2 < N_1 < N)$
したがって，$N_2 = p_3$ が素数 $\implies N = p_1 \cdot p_2 \cdot p_3$
定理は成立する。

N_2 が合成数   定理 6.2 より，N_2 は少なくとも一つの素数 p_3 で割り切れる。
$i.e.\ p_3 \mid N_2 \longrightarrow N = p_1 \times p_2 \times p_3 \times N_3$
$$(0 < N_3 < N_2 < N_1 < N)$$
したがって，$N_3 = p_4$ が素数 $\implies N = p_1 \cdot p_2 \cdot p_3 \cdot p_4$
定理は成立する。

以下，同様の議論を続けて

$$1 < p_n = N_{n-1} < \cdots < N_3 < N_2 < N_1 < N$$

$N_{n-1} = p_n$ 素数に到達するので

$$N = p_1 \times p_2 \times p_3 \times \cdots \times p_n$$

・1 通りの積（順序は無視）への証明
つぎの 2 通りに分解できたとする。

$$N = p_1 \times p_2 \times p_3 \times \cdots \times p_{n-1} \times p_n$$
$$= q_1 \times q_2 \times q_3 \times \cdots \times p_{m-1} \times q_m$$
$$q_1 \mid N(= p_1 \times p_2 \times p_3 \times \cdots \times p_{n-1} \times p_n)$$

定理 6.2 より，$p_1, p_2, p_3, \cdots, p_{n-1}, p_n$ のいずれかは q_1 で割り切れなければならない。q_1 と p_i は素数なので

いずれかで割れる ＝ いずれかと等しい

等しくないものとは，$(q_1, p_i) = 1$ である。したがって

q_1 は $p_i(i = 1, 2, \cdots, n)$ のいずれかと等しい $\implies$ $q_1 = p_1$ とする

$$\therefore \quad N_2 = p_2 \times p_3 \times \cdots \times p_{n-1} \times p_n$$
$$= q_2 \times q_3 \times \cdots \times q_{m-1} \times q_m$$
$$q_2 \mid N_2(= p_2 \times p_3 \times \cdots \times p_{n-1} \times p_n)$$

定理 6.2 より，$p_2, p_3, \cdots, p_{n-1}, p_n$ のいずれかは q_2 で割り切れなければならない。q_2 と p_i は素数なので

いずれかで割れる ＝ いずれかと等しい

等しくないものとは，$(q_2, p_i) = 1$ である。したがって

q_2 は $p_i(i = 2, \cdots, n)$ のいずれかと等しい $\implies$ $q_2 = p_2$ とする

同様の議論を繰り返していくと

$$p_i = q_i \quad (i = 1, 2, \cdots, n) \quad かつ \quad n = m$$

となる。   □

補題 6.1 （素因数分解）　合成数 N が相異なる n 個の素因数 p_i （$i = 1, 2, \cdots, n$）をもつとき，p_1 が n_1 個，p_2 が n_2 個，$\cdots$，p_n が n_n 個あったとする。ただし，$1 \leqq n_i \in \mathbb{N}$ とし

$$N = {p_1}^{n_1} \times {p_2}^{n_2} \times \cdots \times {p_n}^{n_n} \qquad ただし，1 < p_1 < p_2 < \cdots < p_n$$

$$(6.1)$$

を自然数 N の素因数分解という。

参考 6.2 （合成数の約数の個数と総和）　　補題 6.1 において，合成数 $N = \alpha$ に対して，下記のことが成り立つ。

$$N = \alpha \text{ のすべての約数} : p_1{}^{m_1} \times p_2{}^{m_2} \times \cdots \times p_n{}^{m_n}$$

$$(0 \leqq m_i \leqq n_i, \quad i = 1, 2, \cdots, n)$$

約数には 1 および N を含めると，約数の総個数 $N(\alpha)$ は

$$N(\alpha) = (1 + n_1) \times (1 + n_2) \times \cdots \times (1 + n_n)$$
$$= \prod_{i=1}^{n} (1 + n_i)^{\dagger} \tag{6.2}$$

約数の総和 $S(\alpha)$ は

$$S(\alpha) = \frac{1 - p_1{}^{n_1+1}}{1 - p_1} \times \frac{1 - p_2{}^{n_2+1}}{1 - p_2} \times \cdots \times \frac{1 - p_n{}^{n_n+1}}{1 - p_n}$$
$$= \prod_{i=1}^{n} \frac{1 - p_i{}^{n_i+1}}{1 - p_i} \tag{6.3}$$

となる。

〈**参考 6.2** の略証明〉

・総個数の略証明

$p_1{}^{m_1}$ で m_1 の値の範囲から取りうる項　$\longrightarrow$　$1 = p_1{}^0, \ p_1{}^1, \ p_1{}^2, \cdots, \ p_1{}^{n_1}$
の $(1 + n_1)$ 通り

$p_2{}^{m_2}$ で m_2 の値の範囲から取りうる項　$\longrightarrow$　$1 = p_2{}^0, \ p_2{}^1, \ p_2{}^2, \cdots, \ p_2{}^{n_2}$
の $(1 + n_2)$ 通り

$$\vdots$$

$p_n{}^{m_n}$ で m_n の値の範囲から取りうる項　$\longrightarrow$　$1 = p_n{}^0, \ p_n{}^1, \ p_n{}^2, \cdots, \ p_n{}^{n_n}$
の $(1 + n_n)$ 通り

したがって，取りうる約数はすべての積となる。

$\dagger$　$\prod_{i=1}^{n} (1 + n_i)$ は総乗記号を表す。詳細な意味は「本書で用いるおもな記号とその意味」
を参照。

$$\therefore \quad N(\alpha) = (1 + n_1) \times (1 + n_2) \times \cdots \times (1 + n_n) = \prod_{i=1}^{n}(1 + n_i)$$

・総和の略証明

総和は，取りうるすべての項の組合せとなるので

$p_1{}^{n_1}$ から考えられる項は

$$p_1{}^{n_1} \quad \longrightarrow \quad 1 + p_1 + p_1{}^2 + \cdots + p_1{}^{n_1} = \frac{1 - p_1{}^{n_1+1}}{1 - p_1}$$

$p_2{}^{n_2}$ から考えられる項は

$$p_2{}^{n_2} \quad \longrightarrow \quad 1 + p_2 + p_2{}^2 + \cdots + p_2{}^{n_1} = \frac{1 - p_2{}^{n_2+1}}{1 - p_2}$$

$\quad \vdots$ 以下同様に

$p_n{}^{n_n}$ から考えられる項は

$$p_n{}^{n_n} \quad \longrightarrow \quad 1 + p_n + p_n{}^n + \cdots + p_n{}^{n_n} = \frac{1 - p_n{}^{n_n+1}}{1 - p_n}$$

約数の総和はこれらすべての組合せなので，これらの積となる。   □

例題 6.2 $N = 120$ の正の約数の総個数を求めなさい。

【解答】 例題 6.1 から，$N = 120$ の素因数分解は，$120 = 2^3 \times 3^1 \times 5^1$ となるので

$$N(120) = (1 + 3) \cdot (1 + 1) \cdot (1 + 1) = 4 \times 2 \times 2 = 16 \text{ 個}$$

すべて書き出してみると確かに 16 個存在する。

$$2^0 \times \begin{cases} 3^0 \times 5^0 = 1 \\ 3^0 \times 5^1 = 5 \\ 3^1 \times 5^0 = 3 \\ 3^1 \times 5^1 = 15 \end{cases} \qquad 2^1 \times \begin{cases} 3^0 \times 5^0 = 2 \\ 3^0 \times 5^1 = 10 \\ 3^1 \times 5^0 = 6 \\ 3^1 \times 5^1 = 30 \end{cases}$$

$$2^2 \times \begin{cases} 3^0 \times 5^0 = 4 \\ 3^0 \times 5^1 = 20 \\ 3^1 \times 5^0 = 12 \\ 3^1 \times 5^1 = 60 \end{cases} \qquad 2^3 \times \begin{cases} 3^0 \times 5^0 = 8 \\ 3^0 \times 5^1 = 40 \\ 3^1 \times 5^0 = 24 \\ 3^1 \times 5^1 = 120 \end{cases} \qquad \diamondsuit$$

定理 6.4 （素数を法とする合同式の性質）   素数 p とすると，$\forall a, b \in \mathbb{Z}$ に対して

$$ab \equiv 0 \pmod{p} \implies a \equiv 0 \pmod{p} \ \lor \ b \equiv 0 \pmod{p} \quad (6.4)$$

が成り立つ。

証明　式 (6.4) は，a, b は整数，p は素数とするとき，$p \mid ab \implies p \mid a \lor p \mid b$ を示せばよい。

・a に注目する

$p \mid a$ なら，式 (6.4) は成立しているので，$p \nmid a$ について考える。

　　$p \nmid a \longrightarrow a$ と p は互いに素となり，$(a, p) = 1$ と $p \mid ab$ から定理 2.4 より $p \mid b$

・b に注目する

$p \mid b$ なら，式 (6.4) は成立しているので，$p \nmid b$ について考える。

　　$p \nmid b \longrightarrow b$ と p は互いに素となり，$(b, p) = 1$ と $p \mid ab$ から定理 2.4 より $p \mid a$　　　　　　　□

素因数分解の難しさとは，素数の難しさとその不思議さに起因する。一つの理由として，整数は

$$2 = 1 + 1, \ 3 = 1 + 2, \ 4 = 1 + 3 = 2 + 2, \ 5 = 1 + 4 = 2 + 3, \ \cdots$$

のように加法的に表すことができる。素数は，1 と自分自身以外の約数をもたない

$$2 = 1 \times 2, \ 3 = 1 \times 3, \ 5 = 1 \times 5, \ \cdots$$

として乗法的に唯一にしか表すことができない。このことの意味することは，与えられた自然数 N が素数かどうかは，N を素因数分解して

$$N = 1 \times N$$

の唯一しか表せないことを示さなければならないからである。

ある自然数 N の素因数を求めるには，定理 6.1 を用いれば可能である。N の素因数は，定理 6.1 より，$\sqrt{N}$ 以下の素数 p で逐次割っていくことで求められる。この素因数を求めるアルゴリズムを以下に示す。

アルゴリズム 6.1 （素因数分解）

N が合成数ならば， $\sqrt{N}$ 以下の素数 p で割る

p_1 が N の素因数なら $N_1 = \dfrac{N}{p_1}$

つぎに，$\sqrt{N_1}$ 以下の素数 p で割る

p_2 が N_1 の素因数なら $N_2 = \dfrac{N_1}{p_2} = \dfrac{N}{p_1 p_2}$

つぎに，$\sqrt{N_2}$ 以下の素数 p で割る

$\vdots$

p_k が N_{k-1} の素因数なら $N_k = \dfrac{N_{k-1}}{p_k} = \dfrac{N}{p_1 p_2 \cdots p_k} = \dfrac{N}{\displaystyle\prod_{i=1}^{k} p_i} = p_{k+1}$

ここで，$\sqrt{N_k}$ 以下の素因数が存在しないとなれば，$N_k = p_{k+1}$ は素数となる。したがって，N の素因数分解

$$N = \prod_{i=1}^{k+1} p_i$$

が得られる。あるいは，はじめから $\sqrt{N} \leqq p$ までの素因数をもたなければ，N は素数となる。

───────────────────────────

　この方法は，数学的には素数因数分解ができることを意味している。しかし，N が大きくなればなるほど計算時間が膨大となり，実用的な手法ではなくなってしまう。巨大な素数に対しては，素数か否かを判定する方法が知られている。6.3.3 項でいくつかを紹介する。ここで重要なのは，巨大な自然数に対する素因数分解が，素数判定に比べてきわめて難しい問題であるということである。

6.1.3 素数の分布

（1）　エラトステネスの篩　　自然数 N 以下のすべての素数を求める方法

に，古代ギリシャの数学者のエラトステネスが発見したとされる**エラトステネスの篩**（sieve of Eratosthenes）がある。このアルゴリズムを以下に示す。

アルゴリズム 6.2（エラトステネスの篩） 自然数 N 以下のすべての自然数 i について

$$P_i = \begin{cases} 0 & i \text{ が 1 または合成数のとき} \\ 1 & i \text{ が素数のとき} \end{cases} \quad 1 \leq i \leq N \quad (6.5)$$

とするとき，式 (6.5) の P_i $(1 \leq i \leq N)$ を下記のアルゴリズムで求める。

Label_1 $\quad P_i \leftarrow 1 \qquad 1 \leq i \leq N$

Label_2 $\quad i \leftarrow 1$

$\qquad\quad P_i \leftarrow 0$

Label_3 $\quad i \leftarrow i + 1$

$\qquad\quad \text{if} \quad i \leq \lfloor \sqrt{N} \rfloor^\dagger \quad \text{then} \qquad\qquad (6.6)$

$$\begin{pmatrix} \text{if} \quad P_i = 1 \quad \text{then} \quad j \leftarrow 2 \\ i \times j \leq N \text{ の間} \\ P_{i \times j} \leftarrow 0, \quad j\text{++} \\ \text{else} \quad \text{go to Label\_3} \end{pmatrix} \quad (6.7)$$

$\qquad\qquad\qquad \text{else} \quad P_i = 1 \text{ の } i \text{ が素数} \qquad (6.8)$

$$(2 \leq i \leq N)$$

例題 6.3 $N = 100$ までのすべての素数を求めなさい。

【解答】 定理 6.1 より，アルゴリズム 6.2 の式 (6.6) から最大ループ回数を求める。

$\lfloor \sqrt{100} \rfloor = 10$ 回

このアルゴリズムによる計算過程を**表 6.2** に示す。100 までの素数は，表 6.2 の $i = 7$ の値を書き出せばよい。下記の 25 個となる。

---

† 記号 $\lfloor x \rfloor$ は床関数を表す。詳細な意味は「本書で用いるおもな記号とその意味」を参照。

表 6.2 $N = 100$ までの素数を求めるアルゴリズム 6.2 の計算過程

i	操　作
1	1 を消す

注目数字 1〜

1̶	2	3	4	5	6	7	8	9	10	11	12	13	14	15	16	17	18	19	20
21	22	23	24	25	26	27	28	29	30	31	32	33	34	35	36	37	38	39	40
41	42	43	44	45	46	47	48	49	50	51	52	53	54	55	56	57	58	59	60
61	62	63	64	65	66	67	68	69	70	71	72	73	74	75	76	77	78	79	80
81	82	83	84	85	86	87	88	89	90	91	92	93	94	95	96	97	98	99	100

i	操　作
2	2 は残して 2 の倍数を消す

注目数字 2〜

2	3	5	7	9	11	13	15	17	19
21	23	25	27	29	31	33	35	37	39
41	43	45	47	49	51	53	55	57	59
61	63	65	67	69	71	73	75	77	79
81	83	85	87	89	91	93	95	97	99

i	操　作
3	3 は残して 3 の倍数を消す

注目数字 3〜

2	3	5	7		11	13		17	19
	23	25		29	31		35	37	
41	43		47	49		53	55		59
61		65	67		71	73		77	79
	83	85		89	91		95	97	

i	操　作
4	4 はすでに消えているので，つぎのステップへ

注目数字 4〜

2	3	5	7		11	13		17	19
	23	25		29	31		35	37	
41	43		47	49		53	55		59
61		65	67		71	73		77	79
	83	85		89	91		95	97	

i	操　作
5	5 は残して 5 の倍数を消す

注目数字 5〜

2	3	5	7		11	13		17	19
	23			29	31			37	
41	43		47	49		53			59
61			67		71	73		77	79
	83			89	91			97	

i	操　作
6	6 はすでに消えているので，つぎのステップへ
7	7 は残して 7 の倍数を消す

注目数字 7〜

2	3	5	7		11	13		17	19
	23			29	31			37	
41	43		47			53			59
61			67		71	73			79
	83			89				97	

$i = 8, 9, 10$ はすでに消えているので終了

2, 3, 5, 7, 11, 13, 17, 19, 23, 29, 31, 37, 41, 43, 47, 53, 59, 61,
67, 71, 73, 79, 83, 89, 97   ◇

（**2**）　**ユークリッドの素数定理**　　RSA 暗号では，異なる二つの素数を組み合わせて鍵を生成する。では，その鍵が足りなくならないのか，という問題が発生する。この問題に対して，素数は無限に存在することが，古代ギリシャの数学者 ユークリッドの編纂した「原論」に記載されている。

定理 6.5　（ユークリッドの素数定理）　　素数は無限個存在する。

証明　ユークリッドの証明（背理法による証明）

　素数 p_i が有限個 N 個存在したとする。ただし，$1 \leqq i \leqq N$，$N \in \mathbb{N}$ とする。これら N 個の素数をすべて掛けた数に 1 を加えた新しい数を Q とする。

$$Q = p_1 \cdot p_2 \cdot p_3 \cdot \cdots \cdot p_N + 1 = \prod_{i=1}^{N} p_i + 1 \qquad (6.9)$$

Q は合成数か素数のいずれかである。

　Q が合成数　$\longrightarrow$　Q は $p_1, p_2, \cdots, p_N$ のいずれかで割れるはずである。
　　　　　　　　　　　　（素因数分解できる）
　　　　　　　　　　　しかし，式 (6.9) の右辺は Q を p_i のいずれで割っても
　　　　　　　　　　　1 余る。これは合成数という仮定に矛盾する。
　Q が素数　　$\longrightarrow$　Q はどの $p_i(i = 1, 2, \cdots, N)$ とも異なる。
　　　　　　　　　　　これは $p_1, p_2, \cdots, p_N$ の有限個しかないことに矛盾する。
　i.e.　　　　　　素数は無限個存在する。　　　　　　　　　　□

　自然数 N までの数の中に素数がどのような法則に従って分布しているかは，困難な問題である。素数の分布に関する美しい定理の中に，ディリクレの算術級数定理とガウスの素数定理（prime number theorem）がある。

（**3**）　**ディリクレの算術級数定理**　　素数の数は無限大という定理 6.5 の延長上に得られた，つぎのディリクレの算術級数定理が知られている。

定理 6.6　（ディリクレの算術級数定理（**Dirichlet's theorem on arithmetic progressions**））　　$a, d \in \mathbb{Z}$ であり互いに素 $(a, d) = 1$ のとき，初項 a と公差 d とする**算術級数**（**等差数列**）（arithmetic progression, arithmetic sequence）の項の中には無限に素数が存在する。

$$a, d \in \mathbb{Z}$$
$$p = a + n \cdot d \qquad n \in \mathbb{Z} \tag{6.10}$$

素数 p が無限に存在する。

この定理は，1937 年にディリクレにより証明されている。この定理は，かなり難しいため，本書では一つの例について考えてみる。

奇数を生成する公差 $d = 4$ の数列 $\{a_n\}$ と $\{b_n\}$

$$\begin{cases} a_n = 4n - 1 & n \geqq 1 \tag{6.11} \\ b_n = 4n + 1 & n \geqq 1 \tag{6.12} \end{cases}$$

を考える。式 (6.11) と式 (6.12) に，$n = 1, 2, 3, \cdots$ と代入すると

k	1	2	3	4	5	6	7	8	9	10	$\cdots$	n	$\cdots$
a_k	3	7	11	15	19	23	27	31	35	39	$\cdots$	$4n-1$	$\cdots$
b_k	5	9	13	17	21	25	29	33	37	41	$\cdots$	$4n+1$	$\cdots$

となる。したがって，すべての奇数は，$\{a_n\}$ と $\{b_n\}$ により表現できる。ここで，式 (6.11) で表される奇数を $S4_{-1}$型 ($4n - 1$ 型)，式 (6.12) で表される奇数を $S4_{+1}$型 ($4n + 1$ 型) とする。

$S4_{-1}$型 のはじめから n 項までの積で作る新たな $S4_{-1}$型 の項 Sa は

$$Sa = 4\,(3 \cdot 7 \cdot 11 \cdot \cdots \cdot (4n-1)) - 1$$
$$= 4(a_1 \cdot a_2 \cdot a_3 \cdot \cdots \cdot a_n) - 1$$

となる。式 (6.11) を基に書き換えると

$$Sa = 4\,(a_1 \cdot a_2 \cdot a_3 \cdot \cdots \cdot a_n) - 1$$

$$= 4\left\{(4n_1 - 1)(4n_2 - 1)(4n_3 - 1)\cdots(4n_n - 1)\right\} - 1$$

$$= 4\left\{\prod_{i=1}^{n}(4n_i - 1)\right\} - 1$$

$$= 4\left\{(-1)^n + \sum_{k=1}^{n}(-1)^{n-k}4^k \sum_{\binom{n}{k}}\pi_k(n_1, n_2, \cdots, n_n)\right\} - 1$$

$$= 4\left\{4\left(\sum_{k=1}^{n}(-1)^{n-k}4^{k-1} \sum_{\binom{n}{k}}\pi_k(n_1, n_2, \cdots, n_n)\right) + (-1)^n\right\} - 1$$

$$\tag{6.13}$$

となる。式 (6.13) の { } 内の表していることは

$$S4_{-1}\text{型の偶数個の積} \implies S4_{-1}\text{型} \tag{6.14}$$

$$S4_{-1}\text{型の奇数個の積} \implies S4_{+1}\text{型} \tag{6.15}$$

である。ここで，式 (6.13) の $\displaystyle\sum_{\binom{n}{k}}\pi_k(n_1, n_2, \cdots, n_n)$ は

$$\pi_k(n_1, n_2, \cdots, n_n) : n_1, n_2, \cdots, n_n$$

の中から，重複しないで k 個を取り掛け合わせた，すべての組合せからの要素の $\dbinom{n}{k}$ 個の積の和を表す。これらは，$n_1, n_2, \cdots, n_n$ の**基本対称式**（elementary symmetric polynomial）である。

参考 6.3　（対称式）　n 個の変数 $n_1, n_2, \cdots, n_n$ に関する式で，これらの変数をいかなる順序に置き換えても式が変わらないならば，これらの変数の**対称式**（symmetric polynomial）という。

　基本対称式とは，n 個の変数のすべての対称式を整式として表すことのできる n 個の基となる対称式である。例えば，2 変数では $\pi_1(n_1, n_2) = n_1$ と n_2 なので

$$\binom{2}{1} = 2 \text{ から } 2 \text{ 個の和} : \sum_{\binom{2}{1}} \pi_1(n_1, n_2) = n_1 + n_2$$

$\pi_2(n_1, n_2)$ は $n_1 n_2$ なので

$$\sum_{\binom{2}{2}} \pi_2(n_1, n_2) = n_1 n_2$$

となり，基本対称式は

$$n_1 + n_2, \ n_1 n_2$$

の 2 個の対称式となる。

3 変数では，$\pi_1(n_1, n_2, n_3) = n_1$ と n_2 と n_3 なので

$$\binom{3}{1} = 3 \text{ から } 3 \text{ 個の和} : \sum_{\binom{3}{1}} \pi_1(n_1, n_2, n_3) = n_1 + n_2 + n_3$$

$\pi_2(n_1, n_2, n_3) = n_1 n_2$ と $n_2 n_3$ と $n_3 n_1$ なので

$$\binom{3}{2} = 3 \text{ から } 3 \text{ 個の和} : \sum_{\binom{3}{2}} \pi_2(n_1, n_2, n_3) = n_1 n_2 + n_1 n_2 + n_2 n_3$$

$\pi_3(n_1, n_2, n_3) = n_1 n_2 n_3$ なので

$$\binom{3}{3} = 1 \text{ から } 1 \text{ 個の和} : \sum_{\binom{3}{3}} \pi_3(n_1, n_2, n_3) = n_1 n_2 n_3$$

となり，基本対称式は

$$n_1 + n_2 + n_3, \ n_1 n_2 + n_1 n_3 + n_2 n_3, \ n_1 n_2 n_3$$

の 3 個の対称式である。

つぎに，$S4_{+1}$ 型 の初めから n 項までの積で作る新たな $S4_{+1}$ 型の項 Sb は

$$Sb = 4\,(5 \cdot 9 \cdot 13 \cdot \ \cdots \ \cdot (4n+1)) + 1$$
$$= 4(b_1 \cdot b_2 \cdot b_3 \cdot \ \cdots \ \cdot b_n) + 1$$

となる。式 (6.12) を基に書き換え，$S4_{+1}$ 型 と同様の計算を行うと

$$Sb = 4\,(b_1 \cdot b_2 \cdot b_3 \cdot \ \cdots \ \cdot b_n) + 1$$
$$= 4\,\{(4n_1 + 1)(4n_2 + 1)(4n_3 + 1) \cdots (4n_n + 1)\} + 1$$

$$= 4\left\{\prod_{i=1}^{n}(4n_i+1)\right\}+1$$

$$= 4\left\{1^n + \sum_{k=1}^{n} 4^k \sum_{\binom{n}{k}} \pi_k(n_1, n_2, \cdots, n_n)\right\}+1$$

$$= 4\left\{4\left(\sum_{k=1}^{n} 4^{k-1} \sum_{\binom{n}{k}} \pi_k(n_1, n_2, \cdots, n_n)\right)+1\right\}+1 \qquad (6.16)$$

となる。式 (6.16) の { } 内の表していることは

$$S4_{+1}型の項をいくつ掛けても\ S4_{+1}型で閉じている \qquad (6.17)$$

となる。

　式 (6.14)〜(6.17) を用いて，$S4_{-1}$ 型 ($4n-1$ 型) の素数が無限に存在することは，定理 6.6 と同様な背理法を用いて証明できる。本章の章末問題【8】にこの証明問題がある。ディリクレの算術級数定理 6.6 の公差 $d = 4$ の 1 例である。しかし，$S4_{+1}$ 型 ($4n+1$ 型) の素数が無限に存在する証明は，この方法では証明できない。

　なお，定理 6.6 は，ディリクレの算術級数定理 6.6 の公差 $d = 1$ の場合である。

☕ コーヒーブレイク

n 次代数方程式の解と係数の関係は基本対称式によって表される

　高校までに学んだ，基本対称式で最も知られている例の一つに代数方程式の解と係数の関係があります。二次方程式

$$x^2 + a_1 x + a_2 = (x-x_1)(x-x_2) = 0 \qquad (1)$$

の二つの解を x_1, x_2 とすると

$$x^2 + a_1 x + a_2 = (x-x_1)(x-x_2) = x^2 - (x_1+x_2)x + x_1 x_2 = 0 \qquad (2)$$

となり，解と係数の関係は

$$x_1 + x_2 = -a_1$$
$$x_1 x_2 = a_2$$

となります。これを一般化して，実係数の n 次代数方程式

$$x^n + a_1 x^{n-1} + a_2 x^{n-2} + \cdots + a_{n-1}x + a_n = 0 \tag{3}$$

の n 個の解を $x_1, x_2, x_3, \cdots, x_n$ とすると

$$x^n + a_1 x^{n-1} + a_2 x^{n-2} + \cdots + a_{n-1}x + a_n$$
$$= (x - x_1)(x - x_2)(x - x_3) \cdots (x - x_n)$$
$$= 0 \tag{4}$$

となります。式 (3) と式 (4) を x のべき乗に展開した x^k の係数を比較することでつぎの

$$
\begin{aligned}
x_1 + x_2 + x_3 + x_4 + \cdots + x_n &= -a_1 \\
x_1 x_2 + x_1 x_3 + x_1 x_4 + \cdots + x_{n-1}x_n &= a_2 \\
x_1 x_2 x_3 + x_1 x_2 x_4 + \cdots + x_{n-2}x_{n-1}x_n &= -a_3 \\
&\ \ \vdots \\
\sum_{\binom{n}{k}} \pi_k(x_1, x_2, x_3, \cdots, x_n) &= (-1)^k a_k \\
&\ \ \vdots \\
x_1 x_2 x_3 \cdots x_n &= (-1)^n a_n
\end{aligned}
$$

解と係数の基本対称式が得られます。

（4） ガウスの素数定理　つぎの素数定理は，1792 年ガウスが 15 歳のときに地道に素数の数を数え上げる中で見いだした予想式である。

定理 6.7 （ガウスの素数定理）　任意の自然数 n までの素数の個数を $\pi(n)$ とすると以下となる。

$$\lim_{n \to \infty} \frac{\pi(n)}{\dfrac{n}{\log n}} = 1 \tag{6.18}$$

この証明は，1896年にアダマール（Hadamard）とヴァレ・プーサン（Vallée-Poussin）により，独立かつほぼ同時に証明された。非常に大きな正の整数 n に対して，興味深いことは，素数の個数 $\pi(n)$ は

$$\pi(n) \simeq \frac{n}{\log n} \tag{6.19}$$

$$\simeq \frac{n}{1 + \frac{1}{2} + \frac{1}{3} + \cdots + \frac{1}{n}} = \frac{n}{\displaystyle\sum_{k=1}^{n} \frac{1}{k}} \tag{6.20}$$

と表され，$\dfrac{n}{\log n}$ という，n と初等超越関数 $\log$ との比によって，$\pi(n)$ の近似値を与えることである。この素数定理は，リーマン（Riemann）の**ゼータ関数**（zeta function）式 (6.21)，そして，数学界の未解決問題のリーマン予測（Riemann hypothesis）へとつながる。

$$\zeta(s) = \sum_{n=1}^{\infty} \frac{1}{n^s} \qquad s \in \mathbb{C} \tag{6.21}$$

$n = 10^9$ まで計算したときの相対誤差を**表 6.3** に示す。

表 6.3　素数定理とその相対誤差

n	$\pi(n)$	$\dfrac{n}{\log n}$	相対誤差	= (真値 − 近似値)/真値
10^1	4	4.3	-8.6%	
10^2	25	21.7	13.1%	
10^3	168	144.8	13.8%	
10^4	1 229	1 085.7	11.7%	
10^5	9 592	8 685.9	9.4%	
10^6	78 498	72 382.4	7.8%	
10^7	664 579	620 420.7	6.6%	
10^8	5 761 455	5 428 681.0	5.8%	
10^9	50 847 534	48 254 942.4	5.1%	

☕ **コーヒーブレイク**

オイラー（Euler）の積と素数の数は無限大

オイラーは，1737 年にゼータ関数式 (6.21) のオイラーの積

$$\prod_{p \in \text{prime}} \frac{1}{1 - \dfrac{1}{p^s}} = \sum_{n=1}^{\infty} \frac{1}{n^s} \qquad s \in \mathbb{C} \tag{5}$$

から，背理法を用いて証明しました。式 (5) の左辺は，すべての素数 p の積を表します。式 (5) の右辺で $s = 1$ とすると，調和級数

$$\sum_{n=1}^{\infty} \frac{1}{n} = \infty \tag{6}$$

となり，無限大に発散することが容易に証明できます。ここで，もし素数の数が有限個ならば，式 (5) の左辺も有限となります。しかし，式 (5) の右辺は，式 (6) より無限大に発散します。したがって，背理法により素数は無限に存在します。このオイラーの積の拡張として，式 (6.10) のディリクレの算術級数定理が存在します。

なお，調和級数の発散は，級数論において比較判定法や積分判定法により簡単に証明されています。興味のある読者は挑戦してみましょう。

6.2 オイラーの関数

RSA 暗号で重要な役割を果たすのが**オイラーの関数**（totient function, Euler's totient function）である。

6.2.1 オイラーの関数とは

定義 6.3 （オイラーの関数） 自然数 n に対して $\{1, 2, 3, \cdots, n\}$ の中で n と互いに素となる数 i がいくつあるか，その個数を次式で表す。

$$\varphi(n) = \#\{i \in \mathbb{N} \mid 1 \leqq i \leqq n, \ (i, n) = 1\} \tag{6.22}$$

このφをオイラーの関数という。ここで，記号 # は集合の要素の個数を表し，記号 { } は集合を表す。

式 (6.22) は分数

$$\left\{\frac{1}{n}, \frac{2}{n}, \frac{3}{n}, \cdots, \frac{n}{n}\right\}$$

のうちで，約分できない分数の個数を表している。例えば，**表 6.4** に $\varphi(8)$ までの値を示す。

表 6.4 $\varphi(8)$ までの値

n	$\varphi(n)$	$(n, i) = 1$ となる i
1	$\varphi(1) = 1$	$i = 1$
2	$\varphi(2) = 1$	$i = 1$
3	$\varphi(3) = 2$	$i = 1, 2$
4	$\varphi(4) = 2$	$i = 1, 3$
5	$\varphi(5) = 4$	$i = 1, 2, 3, 4$
6	$\varphi(6) = 2$	$i = 1, 5$
7	$\varphi(7) = 6$	$i = 1, 2, 3, 4, 5, 6$
8	$\varphi(8) = 4$	$i = 1, 3, 5, 7$

例題 6.4 つぎのオイラーの関数の値を求めなさい。

（1） $\varphi(9)$

（2） $\varphi(60)$

【解答】 （1） $\varphi(9)$ を 9 と互いに素となる 9 以下の自然数の組合せから求めてみる。すなわち，9 との最大公約数を求める。

$$(1, 9) = 1$$
$$(2, 9) = 1$$
$$(3, 9) = 3$$
$$(4, 9) = 1$$
$$(5, 9) = 1$$
$$(6, 9) = 3$$

$(7,9) = 1$

$(8,9) = 1$

$(9,9) = 9$

したがって，互いに素なのは $1, 2, 4, 5, 7, 8$ なので，$\varphi(9) = 6$ となる。

（2） $\varphi(60)$ は，下記の 2 種類の解法で求めてみる。

解法 1：素因数分解して各素因数の倍数の個数を数え上げる

$60 = 2^2 \times 3 \times 5$ と素因数分解できる。

(a) $2, 3, 5$ それぞれの倍数の個数

$$2 \ \longrightarrow \ \frac{60}{2} = 30, \ \ 3 \ \longrightarrow \ \frac{60}{3} = 20, \ \ 5 \ \longrightarrow \ \frac{60}{5} = 12$$

(b) $2, 3, 5$ の 2 組の共通する倍数の個数

$$2 \times 3 \ \longrightarrow \ \frac{60}{6} = 10, \ \ 2 \times 5 \ \longrightarrow \ \frac{60}{10} = 6, \ \ 3 \times 5 \ \longrightarrow \ \frac{60}{15} = 4$$

(c) $2, 3, 5$ の 3 組の共通する倍数の個数の総数

$$2 \times 3 \times 5 \ \longrightarrow \ \frac{60}{30} = 2$$

$$
\begin{aligned}
\varphi(60) \ &= 60 - (\,(\text{a}) \text{ の総和}) \\
&\quad + (\,(\text{b}) \text{ の総和（引き過ぎた 2 組の共通部分の個数）}) \\
&\quad - (\,(\text{c}) \text{ の総和（足し過ぎた 3 組の共通部分）}) \\
&= 60 - (30 + 20 + 12) + (10 + 6 + 4) - 2 = 16
\end{aligned}
$$

60 の各素因数 $2, 3, 5$ の倍数の集合の包含関係を図 **6.1** に示す。

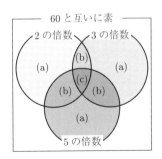

図 **6.1**　ベン図によるそれぞれの
倍数の集合の包含関係

解法 2：素因数分解して各素因数の倍数の個数から因数分解をして求める

解法 1 で求めた (a), (b), (c) の各倍数の個数から割り算をしないで書き並べて
いくと

$$\varphi(60) = 60 - \frac{60}{2} - \frac{60}{3} - \frac{60}{5} + \frac{60}{2 \times 3} + \frac{60}{2 \times 5} + \frac{60}{3 \times 5} - \frac{60}{2 \times 3 \times 5}$$

$$= 60 \left\{ 1 - \frac{1}{2} - \frac{1}{3} - \frac{1}{5} + \frac{1}{2 \times 3} + \frac{1}{2 \times 5} + \frac{1}{3 \times 5} - \frac{1}{2 \times 3 \times 5} \right\}$$

$$= 60 \left\{ \left(1 - \frac{1}{2}\right) - \frac{1}{3}\left(1 - \frac{1}{2}\right) - \frac{1}{5}\left(1 - \frac{1}{2}\right) + \frac{1}{3 \times 5}\left(1 - \frac{1}{2}\right) \right\}$$

$$= 60 \left(1 - \frac{1}{2}\right) \left\{ 1 - \frac{1}{3} - \frac{1}{5} + \frac{1}{3 \times 5} \right\}$$

$$= 60 \left(1 - \frac{1}{2}\right) \left(1 - \frac{1}{3}\right) \left(1 - \frac{1}{5}\right) \qquad (6.23)$$

$$= 60 \times \frac{1}{2} \times \frac{2}{3} \times \frac{4}{5}$$

$$= 16$$

ここで，式 (6.23) は補題 6.2 のオイラーの公式の $n = 60$ とした式 (6.37：後出) となっている。　　　　　　　　　　　　　　　　　　　　　　　$\diamondsuit$

6.2.2　RSA 暗号に必要となるオイラーの関数の諸定理

定理 6.8　（素数のオイラーの関数）　　素数 p に対して

$$\varphi(p) = p - 1 \qquad (6.24)$$
$$\varphi(p^n) = p^n - p^{n-1} \qquad (6.25)$$

が成り立つ。ただし，n は自然数である。

証明

◎式 (6.24) は自分自身が約数なので "−1"

◎式 (6.25) $\{1, 2, 3, \cdots, p^n\}$ のうちで p^n と互いに素でない数は $\underline{p}$ の約数（$\underline{p}$ の倍数）で

$$\underbrace{1 \times \underline{p},\ 2 \times \underline{p},\ 3 \times \underline{p},\ \cdots,\ k \times \underline{p},\ (k+1) \times \underline{p},\ \cdots,\ (p^{n-1}-1) \times \underline{p},\ p^{n-1} \times \underline{p}}_{p^{n-1}\text{個あるので}}$$

$$\therefore \quad \varphi(p^n) = p^n - p^{n-1} \qquad\qquad \Box$$

定理 6.9 （互いに素な 2 数の積のオイラーの関数）　自然数 a, b に対して $(a,b) = 1$ ならば

$$\varphi(ab) = \varphi(a)\varphi(b) \tag{6.26}$$

が成り立つ。

証明　1 から ab までの自然数を下記のように順番に並べる。

1	2	$\cdots$	t	$\cdots$	$a-1$	a
$1+a$	$2+a$	$\cdots$	$t+a$	$\cdots$	$(a-1)+a$	$2a$
$1+2a$	$2+2a$	$\cdots$	$t+2a$	$\cdots$	$(a-1)+2a$	$3a$
$\vdots$	$\vdots$	$\cdots$	$\vdots$	$\cdots$	$\vdots$	$\vdots$
$1+(b-3)a$	$2+(b-3)a$	$\cdots$	$t+(b-3)a$	$\cdots$	$(a-1)+(b-3)a$	$(b-2)a$
$1+(b-2)a$	$2+(b-2)a$	$\cdots$	$t+(b-2)a$	$\cdots$	$(a-1)+(b-2)a$	$(b-1)a$
$1+(b-1)a$	$2+(b-1)a$	$\cdots$	$t+(b-1)a$	$\cdots$	$(a-1)+(b-1)a$	ba

a 以下の a と互いに素な数は $\varphi(a)$ 個ある。その $\varphi(a)$ 個を小さい順に並べた集合 U とする。

$$U = \{a_1 = 1, a_2, \cdots, a_{\varphi(a)-1}, a_{\varphi(a)}\} \tag{6.27}$$

ここで，式 (6.27) の中の一つの要素を $\alpha(\in U)$ とおく。

つぎに，初項 α から公差 a の等差数列を $\alpha + (b-1)a$ までの b 個の数の集合を考える。

$$V = \{\alpha, \alpha+a, \alpha+2, \alpha+3a, \cdots, \alpha+(b-2)a, \alpha+(b-1)a\} \tag{6.28}$$

式 (6.28) の V の異なる要素の中で，2 個の要素を b_n, b_m とし

$$b_n = \alpha + na,\ b_m = \alpha + ma \qquad 0 \leqq n < m \leqq b-1 \tag{6.29}$$

いま，b_n と b_m が b に関して合同となったとする。

$$b_m \equiv b_n \qquad (\text{mod } b)$$
$$\alpha + ma \equiv \alpha + na \qquad (\text{mod } b)$$
$$ma \equiv na \qquad (\text{mod } b)$$

$(a, b) = 1$ なので定理 5.3 の式 (5.47) より

$$m \equiv n \ (\text{mod } b) \tag{6.30}$$

式 (6.30) は式 (6.29) とは矛盾する。したがって，式 (6.28) は b に関して完全剰余系を作っている。b と互いに素な要素の数は $\varphi(b)$ 個である。このことは，m が式 (6.27) の $\varphi(a)$ 個の集合 U の全要素 のときにいえる。

$$\therefore \quad \varphi(ab) = \varphi(a)\varphi(b) \qquad\qquad \square$$

定理 6.10 （オイラーの定理） $n \in \mathbb{N}, \ a \in \mathbb{Z}$ で，$(a, n) = 1$ のとき

$$a^{\varphi(n)} \equiv 1 \ (\text{mod } n) \tag{6.31}$$

が成り立つ。

$\boxed{\text{証明}}$ $1, 2, \cdots, n$ までの整数で n と互いに素となる数は $\varphi(n)$ 個ある。その互いに素となる数を

$$x_1, \ x_2, \ \cdots, \ x_{\varphi(n)} \tag{6.32}$$

とする。これらを既約剰余系とすると，a 倍したもの

$$ax_1, \ ax_2, \ \cdots, \ ax_{\varphi(n)} \tag{6.33}$$

も既約剰余系であり，式 (6.32) のいずれかと合同になる（定理 5.5 および 5.5.4 項の手順 3 参照）。したがって

$$(ax_1) \cdot (ax_2) \cdot \ \cdots \ \cdot (ax_{\varphi(n)}) \equiv x_1 \ x_2 \ \cdots \ x_{\varphi(n)} \ (\text{mod } n)$$
$$a^{\varphi(n)} \cdot x_1 \ x_2 \cdots x_{\varphi(n)} \equiv x_1 \ x_2 \ \cdots \ x_{\varphi(n)} \ (\text{mod } n) \tag{6.34}$$

式 (6.34) は変形をすると

$$n \mid x_1 \ x_2 \ \cdots \ x_{\varphi(n)} \left(a^{\varphi(n)} - 1 \right) \tag{6.35}$$

となり，$(x_1 \ x_2 \ \cdots \ x_{\varphi(n)}, \ n) = 1$ より

$$\therefore \quad a^{\varphi(n)} \equiv 1 \ (\text{mod } n) \tag{6.36}$$

$$\square$$

補題 6.2 （**オイラーの公式**） $n \in \mathbb{N}$ の素因数分解を $n = p_1{}^{\alpha_1} p_2{}^{\alpha_2} \cdots p_m{}^{\alpha_m}$ とすると

$$\varphi(n) = n \left(1 - \frac{1}{p_1}\right) \left(1 - \frac{1}{p_2}\right) \cdots \left(1 - \frac{1}{p_m}\right)$$

$$= n \prod_{i=1}^{m} \left(1 - \frac{1}{p_i}\right) \tag{6.37}$$

である。

$\boxed{\text{証明}}$ 定理 6.9，そして定理 6.8 より

$$\varphi(n) = \varphi(p_1{}^{\alpha_1} p_2{}^{\alpha_2} \cdots p_m{}^{\alpha_m})$$
$$= \varphi(p_1{}^{\alpha_1})\varphi(p_2{}^{\alpha_2}) \cdots \varphi(p_m{}^{\alpha_m})$$
$$= (p_1{}^{\alpha_1} - p_1{}^{\alpha_1 - 1})(p_2{}^{\alpha_2} - p_2{}^{\alpha_2 - 1}) \cdots (p_m{}^{\alpha_m} - p_m{}^{\alpha_m - 1})$$
$$= p_1{}^{\alpha_1}\left(1 - \frac{1}{p_1}\right) p_2{}^{\alpha_2}\left(1 - \frac{1}{p_2}\right) \cdots p_m{}^{\alpha_m}\left(1 - \frac{1}{p_m}\right)$$
$$= \prod_{i=1}^{m} p_i{}^{\alpha_i} \cdot \prod_{i=1}^{m} \left(1 - \frac{1}{p_i}\right)$$
$$= n \prod_{i=1}^{m} \left(1 - \frac{1}{p_i}\right) \qquad\qquad \square$$

また，式 (6.37) を変形すると

$$\varphi(n) = p_1{}^{\alpha_1 - 1}(p_1 - 1) \, p_2{}^{\alpha_2 - 1}(p_2 - 1) \cdots p_m{}^{\alpha_m - 1}(p_m - 1)$$

となる。

$$\therefore \quad (p_k - 1) \mid \varphi(n) \qquad k = 1, 2, \cdots, m \tag{6.38}$$

例題 6.5 つぎのオイラーの関数の値を定理 6.8, 6.9 を使って求めなさい。

（1） $\varphi(9)$

（2） $\varphi(60)$

【解答】 （1） $\varphi(9)$ の場合

9 を素因数分解して定理 6.8 の式 (6.25) を用いる。

$$\varphi(9) = \varphi(3^2) = 3^2 - 3^{2-1} = 9 - 3 = 6$$

（2） $\varphi(60)$ の場合

60 を素因数分解して定理 6.9 の式 (6.26)，定理 6.8 の式 (6.24)，(6.25) を用いる。

$$\varphi(60) = \varphi(2^2 \times 3 \times 5) = \varphi(2^2)\varphi(3)\varphi(5)$$
$$= (2^2 - 2^{2-1})(3 - 1)(5 - 1) = (4 - 2) \times 2 \times 4 = 16 \qquad \diamondsuit$$

6.2.3　オイラーの定理を用いた一次合同式の解の公式

5.5.3 項で学んだ一次合同式に関して，オイラーの定理 6.10 から解の公式が導き出される。

定理 6.11　（オイラーの定理を用いた一次合同式の解の公式）　　$n \in \mathbb{N}$，$a, b \in \mathbb{Z}$ のとき，$(a, n) = 1$ ならば一次合同式

$$ax \equiv b \pmod{n} \tag{5.53：再掲}$$

は n を法として唯一の解

$$x = a^{\varphi(n)-1} \cdot b \tag{6.39}$$

をもつ。

証明　定理 5.5（5.5.4 項の手順 3 (1)）より，$(a, n) = 1$ なので，唯一の解をもつ。

式 (5.53) の左辺に式 (6.39) を代入すると

$$ax = a \cdot a^{\varphi(n)-1} \cdot b = a^{\varphi(n)} \cdot b$$
$$ax \equiv a^{\varphi(n)} \cdot b \pmod{n}$$

$(a, n) = 1$ なので，定理 6.10（オイラーの定理）式 (6.31) より，$a^{\varphi(n)} \equiv 1 \pmod{n}$ となる。

$$\therefore \quad ax \equiv b \pmod{n}$$

または $(a, n) = 1$ なので，定理 6.10（オイラーの定理）式 (6.31) より

$$a^{\varphi(n)} \equiv 1 \quad (\mathrm{mod}\ n) \quad \longleftarrow \text{両辺に } b \text{ を掛ける}$$
$$a^{\varphi(n)}b \equiv b \quad (\mathrm{mod}\ n)$$
$$a\left(a^{\varphi(n)-1} \cdot b\right) \equiv b \quad (\mathrm{mod}\ n)$$
$$ax \equiv b \quad (\mathrm{mod}\ n) \quad \longleftarrow \text{式 (5.53)}$$

定理 5.5（5.5.4 項の手順 3（1））より，$(a, n) = 1$ なので，n を法として唯一の解

$$\therefore \quad x = a^{\varphi(n)-1} \cdot b \qquad\qquad\qquad\qquad \square$$

6.3 RSA 暗号に必要となるフェルマーの諸定理

7 章で学ぶ RSA 暗号の生成原理の重要なポイントとなる定理に，フェルマーの小定理（Fermat's little theorem）がある。

6.3.1 フェルマーの小定理

はじめに，フェルマーの小定理 6.13 の証明に必要な補題 6.3 とその原型となる定理 6.12 について述べる。

定理 6.12（2 項定理と素数） 　p を素数，m, n を整数とすると

$$(m + n)^p \equiv m^p + n^p \pmod{p} \tag{6.40}$$

である。

証明 　$(m + n)^p$ に式 (5.37) の 2 項定理を用いる。

$$(m + n)^p = \sum_{k=0}^{p} \binom{p}{k} m^{p-k} n^k$$
$$= \binom{p}{0} m^{p-0} n^0 + \sum_{k=1}^{p-1} \binom{p}{k} m^{p-k} n^k + \binom{p}{p} m^{p-p} n^p$$

$$= m^p + n^p + \underbrace{\sum_{k=1}^{p-1} \binom{p}{k} m^{p-k} n^k} \tag{6.41}$$

式 (6.41) 右辺第 3 項の $\binom{p}{k}$ について見てみる。

$$\binom{p}{k} = \frac{p!}{(p-k)!\,k!} = \frac{p(p-1)(p-2)\cdots(p-(k-1))}{k!}$$

$$k!\binom{p}{k} = p(p-1)(p-2)\cdots(p-(k-1))$$

$$= p(p-1)(p-2)\cdots(p-k+1) \tag{6.42}$$

式 (6.42) より

$$p \mid k!\binom{p}{k} \tag{6.43}$$

p は素数かつ $k = 1, 2, \cdots, p-1$ より，$(p, k!) = 1$ となり，式 (6.43) は

$$p \mid \binom{p}{k} \implies p \mid \left(\underbrace{\text{式 (6.41) 右辺第 3 項}}\right) \tag{6.44}$$

$$(k = 1, 2, \cdots, p-1)$$

$$\therefore\ p \mid \{(m+n)^p - (m^p + n^p)\} \implies (m+n)^p \equiv m^p + n^p \pmod{m}$$

$$\square$$

補題 6.3 （多項定理と素数） p を素数，$m_1, m_2, \cdots, m_n$ を n 個の整数とすると

$$\left\{\sum_{k=1}^{n} m_k\right\}^p \equiv \sum_{k=1}^{n} m_k{}^p \pmod{p} \tag{6.45}$$

である。

そしてこの補題 6.3 を用いることで，RSA 暗号の生成原理できわめて重要な，つぎのフェルマーの小定理が得られる。

定理 6.13　（フェルマー（**Fermat**）の小定理）　　p を素数, $a \in \mathbb{Z}$ ならば

$$a^p \equiv a \qquad (\bmod\ p) \tag{6.46}$$

p を素数, $(a, p) = 1$ ならば

$$a^{p-1} \equiv 1 \qquad (\bmod\ p) \tag{6.47}$$

となる。

| 証明 |　二つの方法で証明する。

• 補題 6.3 と定理 5.3 の式 (5.47) を用いる。

補題 6.3 で $m_1 = m_2 = \cdots = m_n = 1$ とする。

$$\therefore \quad n^p \equiv n \ (\bmod\ p) \tag{6.48}$$

ここで, $n = a$ とおくと

$$a^p \equiv a \ (\bmod\ p) \implies p \mid a^p - a = a(a^{p-1} - 1) \tag{6.49}$$

$(a, p) = 1$ から定理 5.3 の式 (5.47) より

$$p \mid a^{p-1} - 1 \qquad \therefore \quad a^{p-1} \equiv 1 \ (\bmod\ p)$$

• 定理 6.10 を用いる。

式 (6.31) で $n = p$ とおくと, $(a, p) = 1$ なので

$$a^{\varphi(p)} \equiv 1 \qquad (\bmod\ p)$$

$\varphi(p) = p - 1$ より

$$\therefore \quad a^{p-1} \equiv 1 \qquad (\bmod\ p)$$

上式の両辺に a を掛ける。

$$\therefore \quad a^p \equiv a \qquad (\bmod\ p) \qquad\qquad \square$$

例題 6.6　10^{100} を 17 で割り算したときの余りを求めなさい。

【解答】　17 は素数であり, $(10, 17) = 1$ なのでフェルマーの小定理 6.13 を用いることができる。

$$(a, p) = 1 \implies a^{p-1} \equiv 1 \ (\bmod\ p) \tag{6.50}$$

$a = 10,\ p = 17$ とおけば

$$10^{16} \equiv 1 \ (\bmod\ 17)$$

$$10^{100} = 10^{6 \times 16 + 4} = (10^{16})^6 \cdot 10^4 \tag{6.51}$$

式 (6.50) より，合同演算式の性質から

$$
\begin{aligned}
(10^{16})^6 \cdot 10^4 &\equiv 10^4 &\pmod{17} \\
6 \times 17 = 102 &= 10^2 + 2 \\
10^2 &= 6 \times 17 - 2 \\
10^2 &\equiv -2 &\pmod{17} \\
(10^2)^2 &\equiv (-2)^2 &\pmod{17} \\
10^4 &\equiv 4 &\pmod{17}
\end{aligned}
$$

したがって，余り $= 4$ となる。

6.3.2 平方因子とフェルマーの定理

最後に，RSA 暗号につながる重要な定理 6.14 を示す。

定理 6.14 （RSA 暗号の基盤） $n, t \in \mathbb{N}$ に対して，n が平方因子をもたない (integer without sequence factors) とき，つぎの式 (6.52), (6.53) が成り立つ。

（1） n の任意の素因数を p_i とすると，$\forall a \in \mathbb{Z}$ に対して

$$t \equiv 1 \pmod{p_i - 1} \implies a^t \equiv a \pmod{p_i} \tag{6.52}$$

（2） $\forall a \in \mathbb{Z}$ に対して

$$t \equiv 1 \pmod{\varphi(n)} \implies a^t \equiv a \pmod{n} \tag{6.53}$$

参考 6.4 （平方因子） n が平方因子をもたないとは

- 素数の 2 乗を約数にもたない
- $n = a \times b$ のとき，$(a, b) = 1$
- n の素因数分解において，どの素数 p も 1 回より多く出現しない

平方因子をもたない 30 までの自然数を以下に示す。

$$n = 1, 2, 3, 5, 6, 7, 10, 11, 13, 14, 15, 17, 19, 21, 22, 23, 26, 29, 30$$

証明　（1）　n の任意の素因数 p_i とし，$n = \displaystyle\prod_{r=1}^{m} p_r$ となったとする。

平方因子をもたないことより $(p_i, p_j) = 1$，ただし $\{i \neq j\} \wedge \{1 \leq i, j \leq m\}$ である。

仮定より

$$t \equiv 1 \pmod{p_i - 1} \iff p_i - 1 \mid t - 1$$
$$t - 1 = (p_i - 1)k$$
$$\therefore \quad t = (p_i - 1)k + 1 \qquad k \geqq 0 \quad (\because \ t \in \mathbb{N}) \tag{6.54}$$

- $(p_i, a) = 1$ のとき

定理 6.13 の式 (6.47) より

$$a^{p_i - 1} \equiv 1 \pmod{p_i} \tag{6.55}$$

式 (6.55) の両辺を k 乗する。

$$a^{(p_i - 1)k} \equiv 1^k \pmod{p_i} \tag{6.56}$$

式 (6.56) の両辺に a を掛ける。

$$a^{(p_i - 1)k + 1} \equiv a \pmod{p_i} \tag{6.57}$$

式 (6.54) の $t = (p_i - 1)k + 1$ を式 (6.57) 左辺の指数部に代入する。

$$\therefore \quad a^t \equiv a \pmod{p_i} \tag{6.58}$$

- $(p_i, a) \neq 1$ のとき

p_i は素数なので $p_i \mid a$ となり，$a \equiv 0 \pmod{p_i}$ より

$$\therefore \quad a^t \equiv a \pmod{p_i} \tag{6.59}$$

（2）　仮定より

$$t \equiv 1 \pmod{\varphi(n)} \iff t - 1 = k\varphi(n) \tag{6.60}$$

式 (6.60) は，定理 6.8 の式 (6.24) より

$$t - 1 = k\varphi(n) = k\varphi(p_1 p_2 \cdots p_m) = k \prod_{r=1}^{m} \varphi(p_r)$$
$$= k \prod_{r=1}^{m} (p_r - 1) \tag{6.61}$$
$$\therefore \quad p_i - 1 \mid t - 1 \quad (i = 1, 2, \cdots, m) \iff t \equiv 1 \pmod{p_i - 1} \tag{6.62}$$

したがって，式 (6.62) より（1）の仮定が成り立っている。式 (6.58)，(6.59) より，$\forall a \in \mathbb{Z}$ に対して

$$a^t \equiv a \pmod{p_i} \iff a^t - a = p_i d_i \qquad d_i \in \mathbb{Z}, \ 1 \leq i \leq m \quad (6.63)$$

$a^t - a$ は $p_i(i = 1, 2, \cdots, m)$ の公倍数となっている。定理 2.1 より，公倍数は最小公倍数 $l = [p_1, p_2, \cdots, p_m] = \prod_{r=1}^{m} p_r = n$（∵　p_i は素因数）の倍数である。

$$\therefore \quad n \mid a^t - a \iff a^t \equiv a \pmod{n} \qquad \qquad \square$$

例題 6.7　$n = 55$, $t = 81$ のとき，定理 6.14 の（1）および（2）を確認しなさい。

【解答】　$n = 55 = 5 \times 11$ なので平方因子をもたない。

素因数は，$p_1 = 5, p_2 = 11$ となる。

（1）　n の任意の素因数を $p_1 = 5, p_2 = 11$ とすると，$\forall a \in \mathbb{Z}$ に対して

- $p_1 = 5$ のとき

$$t = 81 \equiv 1 \pmod{p_1 - 1}$$
$$\equiv 1 \pmod{4} \qquad \implies \quad a^{81} \equiv a \pmod{5} \text{ を示す}$$

$4 \mid 81 - 1 = 80$ は成立する。

①　$(a, p_1) = (a, 5) = 1$ のとき，定理 6.13 の式 (6.47) より

$$a^{5-1} \equiv 1 \qquad \pmod{5}$$

両辺を 20 乗する。

$$a^{4 \times 20} \equiv 1^{20} \qquad \pmod{5}$$

両辺に a を掛ける。

$$a^{80+1} \equiv a \qquad \pmod{5}$$
$$\therefore \quad a^{81} \equiv a \qquad \pmod{5}$$

②　$(a, p_1) = (a, 5) \neq 1$ のとき，5 は素数なので $5 \mid a$ となり，$a \equiv 0 \pmod{5}$ より

$$\therefore \quad a^{81} \equiv a \qquad \pmod{5}$$

したがって，①，②より，$a^{81} \equiv a \pmod{5}$ が成立する。

- $p_2 = 11$ のとき

$$t = 81 \equiv 1 \pmod{p_2 - 1}$$
$$\equiv 1 \pmod{10} \qquad \implies \quad a^{81} \equiv a \pmod{11} \text{ を示す}$$

$5 \mid (81 - 1 = 80)$ は成立する。

①　$(a, p_2) = (a, 11) = 1$ のとき，定理 6.13 の式 (6.47) より

$$a^{11-1} \equiv 1 \qquad \pmod{11}$$

両辺を 8 乗する。

$$a^{10 \times 8} \equiv 1^8 \qquad (\text{mod } 11)$$

両辺に a を掛ける。

$$a^{80+1} \quad \equiv a \qquad (\text{mod } 11)$$

$$\therefore \quad a^{81} \equiv a \qquad (\text{mod } 11)$$

② $(a, p_2) = (a, 11) \neq 1$ のとき，11 は素数なので $11 \mid a$ となり，$a \equiv 0$ (mod 11) より

$$\therefore \quad a^{81} \equiv a \qquad (\text{mod } 11)$$

したがって，①，② より，$a^{81} \equiv a$ (mod 11) が成立する。

（2） $\forall a \in \mathbb{Z}$ に対して

$$t = 81 \equiv 1 \qquad (\text{mod } \varphi(n))$$

$$\equiv 1 \qquad (\text{mod } \varphi(55)) \implies a^t = a^{81} \equiv a \ (\text{mod } n = 55) \text{ を示す}$$

$\varphi(55) = \varphi(5 \times 11) = \varphi(5) \times \varphi(11) = 4 \times 10 = 40$ なので

$$t = 81 \equiv 1 \qquad (\text{mod } 40)$$

は成り立っている。

（1）から

$$\begin{cases} a^{81} \equiv a \qquad (\text{mod } 5) \quad \Longleftrightarrow \quad p_1 = \ 5 \mid (a^{81} - a) \\ a^{81} \equiv a \qquad (\text{mod } 11) \quad \Longleftrightarrow \quad p_2 = 11 \mid (a^{81} - a) \end{cases}$$

$a^{81} - a$ は，$p_1 = 5$ と $p_2 = 11$ の公倍数となっている。

定理 2.1 より

公倍数は最小公倍数 $l = [p_1, p_2] = [5, 11] = 55 = n$ の倍数

$$\therefore \quad 55 \mid (a^{81} - a) \quad \Longleftrightarrow \quad a^{81} \equiv a \ (\text{mod } 55) \qquad\qquad \diamondsuit$$

参考 6.5　（**定理 6.14 と RSA 暗号**）　RSA 暗号では，定理 6.14 で，n が相異なる二つの奇素数の積

$$n = p \times q \qquad\qquad\qquad\qquad (7.1：後出)$$

を用いることになる（7 章でも解説）。

　ここで，表 6.1 の RSA 暗号の手順を見てみる。定理 6.14 の式 (6.53) で $t = ed$, $a = A$ とすることで

$$A^{ed} \equiv A \ (\text{mod } n)$$

となり，RSA 暗号の手順に重要な定理であることが理解できる。

定理 6.15　（フェルマーの最終定理（**Fermat's last theorem**）（フェルマーの大定理））　自然数 $n \geqq 3$ のとき

$$x^n + y^n = z^n \tag{6.64}$$

を満足する自然数 (x, y, z) の組は存在しない（フェルマー・ワイルズの定理）。

この定理は，フェルマーが 1630 年後半（1637 年頃）発見したものである。読んでいた古代ギリシャの Arithmetica『算術』の余白に書き記されていた。

それを 360 年の歳月を経て，プリンストン大学のアンドリュー・ワイルズが証明し，1995 年 2 月 13 日に確定した。

フェルマーの最終定理で $n = 2$ とすると　$x^2 + y^2 = z^2$　となりピタゴラスの定理（三平方の定理）となる。これを満たす自然数の組 (x, y, z) は $(3, 4, 5)$, $(5, 12, 13)$, $(7, 24, 25)$, $\cdots$ と無数に存在する。

6.3.3　素数判定法

与えられた自然数が，素数かどうか判定する方法には，多くの方法が知られている。ここでは，基本的な判定法について説明を行う。

（1）フェルマーテスト　　命題論理において

　　　ある命題が真ならばその対偶も真

となることを知っている。フェルマーの小定理 6.13 の対偶をとり，素数であるか確率的に判定する**フェルマーテスト**（Fermat's primality test）がある。

フェルマーの小定理 6.13 は，$a \in \mathbb{Z}$, $(a, p) = 1$ のとき

$$p \text{ が素数} \quad \longrightarrow \quad a^{p-1} \equiv 1 \pmod{p} \tag{6.47：再掲}$$

である。式 (6.47) の対偶は逆の否定であるから，$a \in \mathbb{Z}$, $(a, q) = 1$ のとき

$$a^{n-1} \not\equiv 1 \ (\mathrm{mod}\ n) \quad \longrightarrow \quad n \ \text{は素数ではない} \tag{6.65}$$

n は合成数である。この方法では，$1 < a < n$ の範囲で，乱数を発生させて a の候補とする場合もある。しかし，式 (6.65) は，n が合成数であるための，必要条件ではなく十分条件しかない。この結果が，合成数と判定されなくても，素数ではない可能性があることに注意すべきである。いくつかの整数 n と適当な整数 a に対するフェルマーテストの結果を表 **6.5** に示す。①と②は，$n = 9$, $a = 2$, 4 に対して，合成数と正しく判定している。③〜⑤は，$n = 71$, $a = 2$〜4 に対して，"素数？"と判定し，71 は素数である。

表 **6.5**　フェルマーテストの例

	a	n	(a, n)	a^{n-1}	$\not\equiv 1$?	$(\mathrm{mod}\ n)$	n の判定結果
①	2	9	$(2, 9) = 1$	2^{9-1}	$\equiv$ 4	$(\mathrm{mod}\ 9)$	合成数
②	4	9	$(4, 9) = 1$	4^{9-1}	$\equiv$ 7	$(\mathrm{mod}\ 9)$	合成数
③	2	71	$(2, 71) = 1$	2^{71-1}	$\equiv$ 1	$(\mathrm{mod}\ 71)$	素数？
④	3	71	$(3, 71) = 1$	3^{71-1}	$\equiv$ 1	$(\mathrm{mod}\ 71)$	素数？
⑤	4	71	$(4, 71) = 1$	4^{71-1}	$\equiv$ 1	$(\mathrm{mod}\ 71)$	素数？
⑥	2	341	$(2, 341) = 1$	2^{341-1}	$\equiv$ 1	$(\mathrm{mod}\ 341)$	素数？
⑦	3	341	$(3, 341) = 56$	3^{341-1}	$\equiv$ 56	$(\mathrm{mod}\ 341)$	合成数
⑧	2	561	$(2, 561) = 1$	2^{561-1}	$\equiv$ 1	$(\mathrm{mod}\ 561)$	素数？
⑨	5	561	$(5, 561) = 1$	5^{561-1}	$\equiv$ 1	$(\mathrm{mod}\ 561)$	素数？
⑩	7	561	$(7, 561) = 1$	7^{561-1}	$\equiv$ 1	$(\mathrm{mod}\ 561)$	素数？
⑪	13	561	$(13, 561) = 1$	13^{561-1}	$\equiv$ 1	$(\mathrm{mod}\ 561)$	素数？

【擬素数とカーマイケル数】

しかし，表 6.5 の $n = 341$ では，⑥の $a = 2$ で "素数？" と判定し，⑦の $a = 3$ で合成数と判定している。n は

$$n = 341 = 11 \times 31$$

と素因数分解できるので合成数である。

表 6.5 の⑧〜⑪では

$$a^{561-1} \equiv 1$$

となり，"素数？"の判定となっている。

合成数 n と $1 < a < n$ であり，$(a, n) = 1$ である，ある整数 $a \in \mathbb{Z}$ に対して

$$a^{n-1} \equiv 1 \pmod{n} \tag{6.66}$$

となる n を**擬素数**（Fermat pseudoprime）と呼ぶ。さらに，式 (6.66) を $(a, n) = 1$ となるすべての a に対し満足する合成数 n が存在する。この合成数 n を**カーマイケル数**（Carmichael number）と呼ぶ。表 6.5 の $n = 561$ が，最小のカーマイケル数である。また，カーマイケル数は，無限に存在することが，Alford, Granville, Pomerance により 1994 年に証明されている。10^6 までの 16 個のカーマイケル数を**表 6.6** に示す。

表 6.6 10^6 までのカーマイケル数とその素因数分解

No.	n の範囲	カーマイケル数	素因数分解
1	$\sim 10^3$	$561 =$	$3 \times 11 \times 17$
2		$1\,105 =$	$5 \times 13 \times 17$
3		$1\,729 =$	$7 \times 13 \times 19$
4	$\sim 10^4$	$2\,465 =$	$5 \times 17 \times 29$
5		$2\,821 =$	$7 \times 13 \times 31$
6		$6\,601 =$	$7 \times 23 \times 41$
7		$8\,911 =$	$7 \times 19 \times 67$
8		$10\,585 =$	$3 \times 3\,529$
9		$15\,841 =$	$7 \times 31 \times 73$
10		$29\,341 =$	$13 \times 37 \times 61$
11		$41\,041 =$	$7 \times 11 \times 13 \times 41$
12	$\sim 10^6$	$46\,657 =$	$13 \times 37 \times 97$
13		$52\,633 =$	$7 \times 73 \times 103$
14		$62\,745 =$	$3 \times 5 \times 47 \times 89$
15		$63\,973 =$	$7 \times 13 \times 19 \times 37$
16		$75\,361 =$	$11 \times 13 \times 17 \times 31$

参考 6.6（**オンライン整数列大辞典**）　Sloane により，創設されたオンライン整数列大辞典（The On-Line Encyclopedia of Integer Sequences：

OEIS）である。現在は，OEIS 財団により運営されている。各国版が存在する。表 6.6 も OEIS の A002997 を基に作成した。

（**2**）　**ミラー・ラビン素数判定法**　　フェルマーテストを改良した判定法に，ミラー・ラビン素数判定法（Miller-Rabin primality test）がある。与えられた奇数の整数を n とする。$n-1$ は，偶数となり必ず 2 で割れることになり

$$n - 1 = 2^s d \tag{6.67}$$

と表されたとする。$s \geq 1$ なので d は奇数となる。n が素数なら，フェルマーの小定理 6.13 の式 (6.47) を満足するはずである。この考え方を基に，ミラー・ラビン素数判定法のアルゴリズムを以下に示す。

アルゴリズム 6.3　（ミラー・ラビン素数判定法）

　　Label_1　$n-1 = 2^s d$ となる s, d を求める。$n \geq 3$ の奇数，d は奇数。

　　Label_2　$1 \leq a \leq n-1$ となる $a \in \mathbb{N}$ を選ぶ。

　　Label_3　if　$a^d \equiv 1 \pmod{n}$　then　go to Label_6

　　　　　　　　　　　　　　　　　else　$i \leftarrow 0$

　　Label_4　$0 \leq i \leq s-1$ まで以下の計算を繰り返す（増分 +1）。

　　　　　　$\left(\ \text{if}\ \ a^{2^i d} \equiv -1 \pmod{n}\ \ \text{then}\ \ \text{go to Label\_6}\ \right)$

　　Label_5　合成数（停止）

　　Label_6　素数？（停止）

　本書で扱った二つの素数判定法は，ともに確率論的なアルゴリズムであり，下記のことに注意が必要である。

- 結果が合成数 $\implies$ 合成数
- 結果が素数？ $\implies$ 素数でない可能性がある

なお，素数判定法には，メルセンヌ素数に特化したものなどさまざまなアルゴリズムがある。興味のある読者は，巻末の「引用・参考文献」に示した書籍を参考にするとよい。

章　末　問　題

【1】 1000 までの自然数の中の素数をアルゴリズム 6.2（エラトステネスの篩）により求めたい。このアルゴリズムは最大何回までの繰り返し演算を必要とするか求めなさい。

【2】 $\varphi(70)$ を素因数の倍数の個数を数え上げることにより求めなさい。

【3】 つぎの値を求めなさい。

　（1）　$\varphi(13)$

　（2）　$\varphi(55)$

　（3）　$\varphi(1\,024)$

　（4）　$\varphi(360)$

【4】 つぎの値を求めなさい。ただし，(1) と (2) はそれぞれ違う解法を用いること。

　（1）　9^{100} を 17 で割り算したときの余り

　（2）　11^{100} を 17 で割り算したときの余り

　（3）　$9^{100} + 11^{100}$ を 17 で割り算したときの余り

【5】 定理 6.14 の式 (6.53) を用いて，197^{49} を 35 で割り算したときの余りを求めなさい。

【6】 197^{157} を 35 で割り算したときの余りを求めなさい。$197^{49} \equiv 22 \pmod{35}$ を用いてもよい。

【7】 定理 6.14 を用いて，197^{157} を 35 で割り算したときの余りを求めなさい。

【8】 初項 $a = 3$，公差 $d = 4$ とする式 (6.10) の算術級数の項の中には，無限に素数が存在することを示しなさい。

7 RSA 暗 号
── さぁ RSA 暗号に挑戦 ──

　本章では，6 章までに学んだ整数論の知識を基に，公開鍵暗号の一つの RSA 暗号の原理を理解します。ユーザは，秘密鍵（secret key：SK）から公開鍵（public key：PK）を作成し，PK を自分の鍵として公開し，SK を自分だけが知っている値として秘密にしておきます。これらの鍵を求めるのに，巨大な素数や素因数分解などに関する知識が必要となります。

　RSA 暗号の基本的な手順を学び，つぎに最小公倍数による方法を学びます。

7.1　RSA 暗号の基本的な処理手順

　はじめにここでは，6 章表 6.1 に示した RSA 暗号の手順について，その基本的な処理手順を例題とともに説明する。

7.1.1　RSA 暗号の基本的な処理手順

　下記に，RSA 暗号の基本的な暗号化–復号の手順を示す。

アルゴリズム 7.1　（RSA 暗号の基本的な処理手順）

〈公開鍵〉（1）　$n = p \times q$　　　ただし，$p \neq q \ \wedge \ p, q \in \{$奇素数$\}$　　（7.1）

　　　　　　　　n は一つ目の暗号化鍵（公開鍵）

　　　　　（2）　$\mathrm{GCD}(e, \varphi(n)) = (e, \varphi(n)) = 1$　　　　　　　　（7.2）

　　　　　　　　となる e を求める。

　　　　　　　　e は二つ目の暗号化鍵（公開鍵）

〈秘密鍵〉　（3）　$ed \equiv 1 \quad (\mathrm{mod}\ \varphi(n))$ 　　　　　　　　　　　(7.3)

　　　　　　　　を満たす d を求める。

　　　　　　　　　　　d は復号鍵（秘密鍵）

〈暗号化〉　（4）　平文 A の暗号化：

　　　　　　　　$A \xrightarrow{\text{暗号化}} A' \quad A' \equiv A^e \qquad (\mathrm{mod}\ n)$ 　　　　(7.4)

　　　　　　　　ただし, $0 \leqq A < n$ 　　　　　　　　　　　　(7.5)

〈復　号〉　（5）　暗号文 A' の復号：

　　　　　　　　$A' \xrightarrow{\text{復号}} A \quad A \equiv (A')^d \quad (\mathrm{mod}\ n)$ 　　　　(7.6)

式 (7.6) の証明　　方針：定理 6.14（2）の式 (6.53) を用いる。

　　　　$A' \equiv A^e \ (\mathrm{mod}\ n)$ 　　　　　　　　　　　(7.4：再掲)

式 (7.4) の両辺を d 乗すると

　　　　$(A')^d \equiv (A^e)^d = A^{ed} \ (\mathrm{mod}\ n)$ 　　　　　　(7.7)

式 (7.3) より, $ed \equiv 1 \ (\mathrm{mod}\ \varphi(n))$, および, 素数 p, q $(p \neq q)$ の積 $n = p \times q$ は平方因子をもたない。したがって, $ed, A \in \mathbb{N}$ なので, 定理 6.14（2）の式 (6.53) で $t = ed, a = A$ として考えると

　　　　$ed \equiv 1 \ (\mathrm{mod}\ \varphi(n)) \implies A^{ed} \equiv A \ (\mathrm{mod}\ n)$

　　　　式 (7.7) の右辺 $= A^{ed} \equiv A \ (\mathrm{mod}\ n)$ 　　　　　(7.8)

したがって, 「式 (7.7) ∧ 式 (7.8)」となり, 定理 5.1（同値律）の（3）推移律が成り立つ。

　　　　$i.e. \ (A')^d \equiv A^{ed} \ (\mathrm{mod}\ n) \ \land \ A^{ed} \equiv A \ (\mathrm{mod}\ n)$
　　　　　　$\implies (A')^d \equiv A \ (\mathrm{mod}\ n)$

式 (7.6) で復号され, 平文 A に戻ることが証明された。　　　　　　□

7.1.2　RSA 暗号の実践

RSA 暗号の実践として, 二つの素数 $p=3$, $q=13$ から 7.1.1 項に述べた RSA 暗号の基本的な処理手順を実践してみる。

（1）　**鍵 の 生 成**　　まず, 初めに公開鍵, 秘密鍵を生成する過程を示す。

（a） 一つ目の暗号化鍵（公開鍵）n

式 (7.1) より

$$n = p \times q = 3 \times 13 = 39 \tag{7.9}$$

（b） 二つ目の暗号化鍵（公開鍵）e

式 (7.2) より

$$\varphi(n) = \varphi(p \cdot q) = \varphi(p) \cdot \varphi(q)$$
$$= (p-1) \cdot (q-1) = 2 \times 12 = 24 \tag{7.10}$$

最大公約数 $(e, \varphi(n)) = (e, 24) = 1$ となる e の候補は，24 と互いに素となる数である。

その候補は，5，7，11，13，17，19，23 の 7 個となる。

ここでは，$e = 5$ とする。

$$e = 5 \tag{7.11}$$

参考のために，e の候補およびそのときの d の値を**表 7.1** に示す。

表 7.1　e の候補とそのときの d の値

e	5	7	11	13	17	19	23	25
d	5	7	11	13	17	19	23	25

また，$\varphi(n)$ までの公開鍵 e の候補の総数 m は，$(\varphi(n), 1) = 1$ となる互いに素な数から偶素数の 2 の 1 個分を引いた数になる。

$$m = \varphi(\varphi(n)) - 1 \tag{7.12}$$

この実践例では

$$m = \varphi(\varphi(n)) - 1 = \varphi(\varphi(pq)) - 1 = \varphi(24) - 1 = \varphi(2^3 \cdot 3) - 1 = 7$$

となっている。

（c） 復号鍵（秘密鍵）d

式 (7.3) より，$ed \equiv 1 \pmod{\varphi(n)}$ を満たす d を求める。式 (7.10)，(7.11) より

$$5d \equiv 1 \pmod{24} \tag{7.13}$$

$(5, 24) = 1$ なので唯一の解をもつ。

$$24d \equiv 0 \ (\mathrm{mod} \ 24) \tag{7.14}$$

式 (7.13) × 5 − 式 (7.14) より

$$\therefore \quad d = 5 \tag{7.15}$$

（2）　平文の暗号化　　生成された公開鍵から暗号文を作成する。ここでは，暗号化する平文 $A = 30$ とする。

（d）　平文 $A = 30$ の暗号化：A'

式 (7.4), (7.9), (7.11) より，$A' \equiv A^e \ (\mathrm{mod} \ n)$ は

$$A' \equiv 30^5 \ (\mathrm{mod} \ 39) \tag{7.16}$$

$$30^5 \equiv (-9)^5 \ (\mathrm{mod} \ 39) \quad (\because \quad 30 = 39 \times 1 - 9)$$

$$(-9)^{4+1} \equiv 81^2 \cdot (-9) \ (\mathrm{mod} \ 39)$$

$$81^2 \cdot (-9) \equiv 3^2 \cdot (-9) \ (\mathrm{mod} \ 39) \quad (\because \quad 81 = 39 \times 2 + 3)$$

$$3^2 \cdot (-9) \equiv (-3) \ (\mathrm{mod} \ 39) \iff A' \equiv 36 \ (\mathrm{mod} \ 39)$$

$$(\because \quad -81 = 39 \times (-2) - 3)$$

$$\therefore \quad A' = 36 \tag{7.17}$$

（3）　暗号文の復号　　つぎに，暗号化された暗号文を秘密鍵から元の平文に復号する。

（e）　暗号文 A' からの復号：A

式 (7.6), (7.9), (7.15), (7.17) より，$A \equiv (A')^d \ (\mathrm{mod} \ n)$ は

$$A \equiv 36^5 \qquad (\mathrm{mod} \ 39)$$

$$36^5 \equiv (-3)^5 \qquad (\mathrm{mod} \ 39)$$

$$(-3)^{4+1} \equiv ((-3)^2)^2 \cdot (-3) \ (\mathrm{mod} \ 39)$$

$$A \equiv -9 \qquad (\mathrm{mod} \ 39) \iff A \equiv 30 \ (\mathrm{mod} \ 39)$$

$$\therefore \quad A = 30$$

となり，与えられた平文に正しく復号されている。

7.2　RSA 暗号の原理

　7.1.2 項では，RSA 暗号の鍵の生成過程，暗号化と復号の過程を具体的例題で見た。この具体例では，$n = 39$ を法とする数字の世界の特性を用いて平文 A を $0 \leqq A < 39$ の範囲で暗号化している。この $n = 39$ を法とする数字とべき乗の関係を**表 7.2** に示す。式 (7.6) と式 (7.4) から 25 列（25 乗）ごとに 1 列目の順番が戻ってくる。これは次式に示す，平文を暗号化して復号すると平文に戻る過程と一致する。

$$A \equiv (A')^d = (A^e)^d \quad (\mathrm{mod}\ n)$$

$$\therefore \quad A \equiv A^{ed} \quad (\mathrm{mod}\ n) \tag{7.18}$$

したがって，$A = 30$ で暗号化された $A' = 36$ は $e \times d = 5 \times 5 = 25$ 列 に復号されて $A = 30$ として戻ってくる。これは，相異なる奇素数 p, q を用いた RSA 暗号では，秘密鍵 d を求めるのに $\varphi(n)$ を法とした合同式で求めるからである。

　また，表 7.2 からは，1 列の最小剰余の順番が 13 列（13 乗）目でも 1 列目の順番に戻っていることがわかる。これは，$(p-1)$ と $(q-1)$ の最小公倍数と関係している。1 列と同じ順番が戻ってくるのは

$$[p-1, q-1] \times k + 1 \qquad k \in \mathbb{N} \tag{7.19}$$

7.1.2 項では，$p = 3,\ q = 13$ なので

$$[p-1, q-1] \times k + 1 = [2, 12] \times k + 1 = 12k + 1$$

となるので，12 を加算した列ごとに同じ順番が戻ってくることになる。

　つぎに，平文を e 乗して暗号化したときの値を表 7.2 から確認する。7.1.2 項の表 7.1 において，e の候補は

　　5, 7, 11, 13, 17, 19, 23, 25

表 7.2　39 を法とする数字とそのべき乗の関係

	e						べき乗																			
	1	2	3	4	5	6	7	8	9	10	11	12	13	14	15	16	17	18	19	20	21	22	23	24	25	26
0	0	0	0	0	0	0	0	0	0	0	0	0	0	0	0	0	0	0	0	0	0	0	0	0	0	0
1	1	1	1	1	1	1	1	1	1	1	1	1	1	1	1	1	1	1	1	1	1	1	1	1	1	1
2	2	4	8	16	32	25	11	22	5	10	20	1	2	4	8	16	32	25	11	22	5	10	20	1	2	4
3	3	9	27	3	9	27	3	9	27	3	9	27	3	9	27	3	9	27	3	9	27	3	9	27	3	9
4	4	16	25	22	10	1	4	16	25	22	10	1	4	16	25	22	10	1	4	16	25	22	10	1	4	16
5	5	25	8	1	5	25	8	1	5	25	8	1	5	25	8	1	5	25	8	1	5	25	8	1	5	25
6	6	36	21	9	15	12	33	3	18	30	24	27	6	36	21	9	15	12	33	3	18	30	24	27	6	36
7	7	10	31	22	37	25	19	16	34	4	28	1	7	10	31	22	37	25	19	16	34	4	28	1	7	10
8	8	25	5	1	8	25	5	1	8	25	5	1	8	25	5	1	8	25	5	1	8	25	5	1	8	25
9	9	3	27	9	3	27	9	3	27	9	3	27	9	3	27	9	3	27	9	3	27	9	3	27	9	3
10	10	22	25	16	4	1	10	22	25	16	4	1	10	22	25	16	4	1	10	22	25	16	4	1	10	22
11	11	4	5	16	20	25	2	22	8	10	32	1	11	4	5	16	20	25	2	22	8	10	32	1	11	4
12	12	27	12	27	12	27	12	27	12	27	12	27	12	27	12	27	12	27	12	27	12	27	12	27	12	27
13	13	13	13	13	13	13	13	13	13	13	13	13	13	13	13	13	13	13	13	13	13	13	13	13	13	13
14	14	1	14	1	14	1	14	1	14	1	14	1	14	1	14	1	14	1	14	1	14	1	14	1	14	1
15	15	30	21	3	6	12	24	9	18	36	33	27	15	30	21	3	6	12	24	9	18	36	33	27	15	30
16	16	22	1	16	22	1	16	22	1	16	22	1	16	22	1	16	22	1	16	22	1	16	22	1	16	22
17	17	16	38	22	23	1	17	16	38	22	23	1	17	16	38	22	23	1	17	16	38	22	23	1	17	16
18	18	12	21	27	18	12	21	27	18	12	21	27	18	12	21	27	18	12	21	27	18	12	21	27	18	12
19	19	10	34	22	28	25	7	16	31	4	37	1	19	10	34	22	28	25	7	16	31	4	37	1	19	10
20	20	10	5	22	11	25	32	16	8	4	2	1	20	10	5	22	11	25	32	16	8	4	2	1	20	10
21	21	12	18	27	21	12	18	27	21	12	18	27	21	12	18	27	21	12	18	27	21	12	18	27	21	12
22	22	16	1	22	16	1	22	16	1	22	16	1	22	16	1	22	16	1	22	16	1	22	16	1	22	16
23	23	22	38	16	17	1	23	22	38	16	17	1	23	22	38	16	17	1	23	22	38	16	17	1	23	22
24	24	30	18	3	33	12	15	9	21	36	6	27	24	30	18	3	33	12	15	9	21	36	6	27	24	30
25	25	1	25	1	25	1	25	1	25	1	25	1	25	1	25	1	25	1	25	1	25	1	25	1	25	1
26	26	13	26	13	26	13	26	13	26	13	26	13	26	13	26	13	26	13	26	13	26	13	26	13	26	13
27	27	27	27	27	27	27	27	27	27	27	27	27	27	27	27	27	27	27	27	27	27	27	27	27	27	27
28	28	4	34	16	19	25	37	22	31	10	7	1	28	4	34	16	19	25	37	22	31	10	7	1	28	4
29	29	22	14	16	35	1	29	22	14	16	35	1	29	22	14	16	35	1	29	22	14	16	35	1	29	22
30	**30**	3	12	9	**36**	27	**30**	3	12	9	**36**	27	**30**	3	12	9	**36**	27	**30**	3	12	9	**36**	27	**30**	3
31	31	25	34	1	31	25	34	1	31	25	34	1	31	25	34	1	31	25	34	1	31	25	34	1	31	25
32	32	10	8	22	2	25	20	16	5	4	11	1	32	10	8	22	2	25	20	16	5	4	11	1	32	10
33	33	36	18	9	24	12	6	3	21	30	15	27	33	36	18	9	24	12	6	3	21	30	15	27	33	36
34	34	25	31	1	34	25	31	1	34	25	31	1	34	25	31	1	34	25	31	1	34	25	31	1	34	25
35	35	16	14	22	29	1	35	16	14	22	29	1	35	16	14	22	29	1	35	16	14	22	29	1	35	16
36	36	9	12	3	30	27	36	9	12	3	30	27	36	9	12	3	30	27	36	9	12	3	30	27	36	9
37	37	4	31	16	7	25	28	22	34	10	19	1	37	4	31	16	7	25	28	22	34	10	19	1	37	4
38	38	1	38	1	38	1	38	1	38	1	38	1	38	1	38	1	38	1	38	1	38	1	38	1	38	1
39	0	0	0	0	0	0	0	0	0	0	0	0	0	0	0	0	0	0	0	0	0	0	0	0	0	0

平文（left vertical label）

1列目　2列目　3列目　4列目　5列目　6列目　7列目　8列目　9列目　10列目　11列目　12列目　13列目　14列目　15列目　16列目　17列目　18列目　19列目　20列目　21列目　22列目　23列目　24列目　25列目　26列目

39 を法とする最小剰余　　　$[3-1, 13-1]=[2, 12]=12$　　　—$12 \times 1 + 1 = 13$　　　$12 \times 2 = 24$—
$ed = 5 \times 5 = 12 \times 2 + 1 = 25$

となっていた。表 7.2 から，1 列目の規則正しい（平文の）数字のパターンは $1 + 12 = 13$ 列目，$13 + 12 = 25$ 列目に，5 列目の順番は $5 + 12 = 17$ 列目 に，7 列目の順番は $7 + 12 = 19$ 列目 に，11 列目の順番は $11 + 12 = 23$ 列目 に戻ってくることが確認できる。したがって

$$1 + 12k,\ 5 + 12k,\ 7 + 12k,\ 11 + 12k \qquad 0 \leqq k \in \mathbb{Z}$$

で平文の数字パターンの列と公開鍵 e の候補の列が繰り返されていることになり，どの奇素数を e と選んでも暗号化が成り立つことがわかる。

相異なる奇素数 $p,\ q$ とその積 $n = p \times q$ とするとき，公開鍵 e の範囲は，下記のとおりである。

・アルゴリズム **7.1** の場合

$$3 \leqq e < \varphi(n) = (p - 1)(q - 1) \quad \wedge \quad e \in \{\text{素数}\} \tag{7.20}$$

・アルゴリズム **7.2** の場合　（7.3 節）

$$3 \leqq e < l = [p - 1, q - 1] \quad \wedge \quad e \in \{\text{素数}\} \tag{7.21}$$

とする。実用的な大きな奇素数を用いた RSA 暗号の鍵の生成には，暗号化の計算効率を考えて

$$e = 2^{16} + 1 \tag{7.22}$$

が用いられる場合もある。

式 (7.18) から，暗号の世界で相異なる奇素数の積 $n = p \times q$ を法とした合同演算を用いる理由は，元の数字（平文）をべき乗すると数字も順序もバラバラになるが，べき乗が必ず元の数字の順番に戻る

　　　　「べき乗のマジックナンバー：$e \times d$」

が存在するためである。なお，式 (7.19) の最小公倍数との関係から，7.3 節で最小公倍数を用いた RSA 暗号について説明する。

　相異なる奇素数の積でない数値 12 を法としたときのべき乗はどうなるであろうか。$n^p \equiv x \pmod{12}$ を計算した例を**表 7.3** に示す。表から，1 列の同じ順番が決して現れないことがわかる。

表 7.3　12 を法とする自然数 n とそのべき乗 n^p の関係

		べき乗											
		1	2	3	4	5	6	7	8	9	10	11	12	13
	0	0	0	0	0	0	0	0	0	0	0	0	0	0
	1	1	1	1	1	1	1	1	1	1	1	1	1	1
	2	2	4	8	4	8	4	8	4	8	4	8	4	8
	3	3	9	3	9	3	9	3	9	3	9	3	9	3
	4	4	4	4	4	4	4	4	4	4	4	4	4	4
	5	5	1	5	1	5	1	5	1	5	1	5	1	5
自然数	6	6	0	0	0	0	0	0	0	0	0	0	0	0
	7	7	1	7	1	7	1	7	1	7	1	7	1	7
	8	8	4	8	4	8	4	8	4	8	4	8	4	8
	9	9	9	9	9	9	9	9	9	9	9	9	9	9
	10	10	4	4	4	4	4	4	4	4	4	4	4	4
	11	11	1	11	1	11	1	11	1	11	1	11	1	11
	12	0	0	0	0	0	0	0	0	0	0	0	0	0
	13	1	1	1	1	1	1	1	1	1	1	1	1	1

↑
12 を法とする最小剰余

7.3　最小公倍数を用いる RSA 暗号

　7.2 節の式 (7.19) でわかったように，$p-1$ と $q-1$ の最小公倍数の間隔で順番が繰り返されている。復号鍵 d を求めるのに，最小公倍数を用いる RSA 暗号の処理手順を示す。

アルゴリズム 7.2　（最小公倍数を用いる **RSA** 暗号）

〈公開鍵〉　（1）　$n = p \times q$　　ただし，$p \neq q \ \wedge \ p, q \in \{\,奇素数\,\}$　　(7.23)

　　　　　　　　　　n は一つ目の暗号化鍵（公開鍵）

　　　　　（2）　最小公倍数 $l = [p-1, q-1]$　　　　　　　　　　(7.24)

　　　　　　　　　$\mathrm{GCD}(e, l) = (e, l) = 1$　　　　　　　　　　(7.25)

となる e を求める。

e は二つ目の暗号化鍵（公開鍵）

〈秘密鍵〉　（3）　$ed \equiv 1 \pmod{l}$ 　　　　　　　　　　　　(7.26)

を満たす d を求める。

d は復号鍵（秘密鍵）

〈暗号化〉　（4）　平文 A の暗号化：

$$A \xrightarrow{\text{暗号化}} A' \quad A' \equiv A^e \quad \pmod{n} \tag{7.27}$$

$$\text{ただし，} 0 \leqq A < n \tag{7.28}$$

〈復　号〉　（5）　暗号文 A' の復号：

$$A' \xrightarrow{\text{復号}} A \quad A \equiv (A')^d \pmod{n} \tag{7.29}$$

式 (7.29) の証明　**第 1 段階の方針**：式 (7.2) の $(e, \varphi(n)) = 1$ となる e が存在するとき，式 (7.25) を満足する e が存在するかを調べる。

$p - 1$ と $q - 1$ の最大公約数 $g = (p-1, q-1)$ とすると，定理 2.3 より

$$\varphi(n) = \varphi(p \cdot q) = \varphi(p) \cdot \varphi(q) = (p-1) \cdot (q-1) = l \cdot g \tag{7.30}$$

したがって，式 (7.2) の $\varphi(n)$ に式 (7.30) を代入すると

$$(e, \varphi(n)) = (e, l \cdot g) = 1 \iff (e, g) = 1 \wedge (e, l) = 1 \tag{7.31}$$

となり，式 (7.25) を満足する e が存在する。

第 2 段階の方針：定理 6.14（1）の証明で用いた n が平方因子をもたないとき

$$a^t \equiv a \pmod{n} \iff a^t \equiv a \pmod{p} \tag{7.32}$$

の関係を用い，式 (7.29) を示す。

式 (7.27) と $(p-1) \cdot (q-1) = l \cdot g$ より，$g = (p-1, q-1)$ なので $g | (q-1)$ から

$$ed - 1 = l \times k = k \times \frac{(p-1)(q-1)}{g} = K(p-1)$$

となり $(K \in \mathbb{N})$

$$ed = K(p-1) + 1 \tag{7.33}$$

フェルマーの小定理 6.13 $A^{p-1} \equiv 1 \pmod{p}$ で両辺を K 乗すると

$$A^{K(p-1)} \equiv 1 \pmod{p}$$
$$A^{K(p-1)+1} \equiv A \pmod{p}$$

式 (7.33) より

$$\therefore \quad A^{ed} \equiv A \pmod{p} \tag{7.34}$$

同様に，$g = (p-1, q-1)$ なので，$g \mid (p-1)$ であるから

$$ed - 1 = l \times k = k \times \frac{(p-1)(q-1)}{g} = K'(q-1)$$

となり

$$ed = K'(q-1) + 1 \qquad K' \in \mathbb{N} \tag{7.35}$$

フェルマーの小定理 6.13 $A^{q-1} \equiv 1 \pmod{q}$ で両辺を K' 乗すると

$$A^{K'(q-1)} \equiv 1 \pmod{q}$$
$$A^{K'(q-1)+1} \equiv A \pmod{q}$$

式 (7.35) より

$$\therefore \quad A^{ed} \equiv A \pmod{q} \tag{7.36}$$

式 (7.34) と式 (7.36) から

$$p \mid (A^{ed} - A) \ \wedge \ q \mid (A^{ed} - A)$$

となる。したがって，$A^{ed} - A$ は，p と q の公倍数である。定理 2.1 より，p と q の公倍数は，最小公倍数の倍数である。$(p, q) = 1$ から

$$p \text{ と } q \text{ の最小公倍数} = [p, q] = p \times q = n$$
$$\implies n \mid (A^{ed} - A)$$

となる。すなわち，式 (7.32) より

$$\therefore \quad (A')^d \equiv A^{ed} \equiv A \pmod{n}$$

となり，式 (7.29) で復号され平文 A に戻ることが証明された。 $\qquad\qquad \square$

7.1.2 項の RSA 暗号の実践として，相異なる奇素数 $p = 3, q = 13$ に，アルゴリズム 7.2 を適用して e を求めてみる。

$$\text{最小公倍数 } l = [p-1, q-1] = [3-1, 13-1] = [2, 12] = 12$$

となる。e と $l = 12$ が互いの素となる e を求めればよい。

$$(e, \ l) = 1$$

$$(e, \ 12) = 1$$

したがって，e の候補は，5, 7, 11 となる。

7.4 指数が大きいときの効率的な計算方法

RSA 暗号の生成では，平文や暗号文を底として秘密鍵，公開鍵を指数とする

合同式のべき乗計算が頻繁に行われる。単純なべき乗計算では，指数が大きくなると計算回数が増大するとともに桁数が膨大になる。そうなると，もはや手計算で行うことが不可能になってしまう。ここでは，計算回数を抑え，桁あふれを回避して容易に手計算が行える方法を説明する。

7.4.1　繰り返し2乗法

暗号化や復号で計算しなければならない，n を法とした a^k で

$$a^k \equiv A \pmod{n} \tag{7.37}$$

において，A を高速に求める繰り返し2乗法のアルゴリズムを説明する。

アルゴリズム 7.3　（繰り返し2乗法）　繰り返し2乗法の手順は3段階に分けられる。

手順1：　指数 k を2進展開し，$t+1$ 桁になったとする。

$$k = d_0 \cdot 2^0 + d_1 \cdot 2^1 + d_2 \cdot 2^2 + \cdots + d_t \cdot 2^t \tag{7.38}$$

$$d_i = 0 \vee 1 \quad (0 \le i \le t)$$

手順2：　指数の底 a の2乗を a^{2^t} まで繰り返し計算する。

手順3：　式 (7.38) で $d_i = 1$ のときだけ，**表 7.4** の⑥列の a_i を掛ける。

$$
\begin{aligned}
a^k &= a^{d_0 \cdot 2^0 + d_1 \cdot 2^1 + d_2 \cdot 2^2 + \cdots + d_i \cdot 2^i + \cdots + d_t \cdot 2^t} \\
&= a^{d_0 \cdot 2^0} \cdot a^{d_1 \cdot 2^1} \cdot a^{d_2 \cdot 2^2} \cdot \cdots \cdot a^{d_i \cdot 2^i} \cdot \cdots \cdot a^{d_t \cdot 2^t} \\
&= (a^{2^0})^{d_0} \cdot (a^{2^1})^{d_1} \cdot (a^{2^2})^{d_2} \cdot \cdots \cdot (a^{2^i})^{d_i} \cdot \cdots \cdot (a^{2^t})^{d_t} \tag{7.39} \\
&= \prod_{i=1}^{t} (a^{2^i})^{d_i} \tag{7.40}
\end{aligned}
$$

ここで，表 7.4 より

$$a^{2^i} \equiv a_i \pmod{n} \quad 0 \le i \le t \tag{7.41}$$

となっている。

表 7.4 繰り返し 2 乗法の計算の流れ

i	d_i	④列 a^{2^i}	⑤列 $a_{i-1}{}^2$ $(i \geqq 1)$	⑥列 a_i	
0	d_0	$a \;=\; a^{2^0}$		$\equiv a_0$	$(\bmod\ n)$
1	d_1	$a^2 \;=\; a^{2^1}$	$\equiv a_0{}^2$	$\equiv a_1$	$(\bmod\ n)$
2	d_2	$a^4 \;=\; a^{2^2}$	$\equiv a_1{}^2$	$\equiv a_2$	$(\bmod\ n)$
$\vdots$	$\vdots$	$\vdots$	$\vdots$	$\vdots$	
i	d_i	a^{2^i}	$\equiv a_{i-1}{}^2$	$\equiv a_i$	$(\bmod\ n)$
$\vdots$	$\vdots$	$\vdots$	$\vdots$	$\vdots$	
$t-1$	d_{t-1}	$a^{2^{t-1}}$	$\equiv a_{t-2}{}^2$	$\equiv a_{t-1}$	$(\bmod\ n)$
t	d_t	a^{2^t}	$\equiv a_{t-1}{}^2$	$\equiv a_t$	$(\bmod\ n)$

$$\therefore\ a^k \equiv A = a_0{}^{d_0} \cdot a_1{}^{d_1} \cdot \cdots \cdot a_i{}^{d_i} \cdot \cdots \cdot a_t{}^{d_t} \ (\bmod\ n)$$

$$\equiv \prod_{i=1}^{t} a_i{}^{d_i} \ (\bmod\ n) \tag{7.42}$$

$$\text{ただし,}\ a_i{}^{d_i} = \begin{cases} a_i{}^1 = a_i & d_i = 1 \\ a_i{}^0 = 1 & d_i = 0 \end{cases}$$

このアルゴリズムをもう少し詳細に見てみる。

　　表7.4 の $i = i$ 行目　④列目 $\equiv$ ⑤列目　$(\bmod\ n)$

$$a^{2^i} \equiv a_{i-1}{}^2 \quad (\bmod\ n)$$

また

　　表7.4 の $i = i$ 行目　⑤列目 $\equiv$ ⑥列目　$(\bmod\ n)$

$$a_{i-1}{}^2 \equiv a_i \quad (\bmod\ n)$$

より

$$a^{2^i} \quad \equiv \quad a_i \quad (\mathrm{mod}\ n)$$

両辺を d_i 乗すると

$$\left(a^{2^i}\right)^{d_i} \quad \equiv \quad a_i{}^{d_i} \quad (\mathrm{mod}\ n)$$

となる。そこで，表 7.4 で④と⑥列目の各行を d_i 乗すると，式 (7.43) が得られる。

つぎに，$i = 0$ 行目から $i = t$ 行目まで④列目を同一列方向に掛けることにより，式 (7.39) と式 (7.40) の右辺が得られる。

同様に，$i = 0$ 行目から $i = t$ 行目まで⑥列目を同一列方向に掛けることにより式 (7.42) の右辺の式が得られる。つまり，式 (7.44) が求まり，式 (7.42) が得られる。

$$
\begin{array}{c|c|cccl}
i & d_i & \left(a^{2^i}\right)^{d_i} & \equiv & a_i{}^{d_i} & (\mathrm{mod}\ n) \\
\hline
0 & d_0 & \left(a^{2^0}\right)^{d_0} & \equiv & a_0{}^{d_0} & (\mathrm{mod}\ n) \\
1 & d_1 & \left(a^{2^1}\right)^{d_1} & \equiv & a_1{}^{d_1} & (\mathrm{mod}\ n) \\
2 & d_2 & \left(a^{2^2}\right)^{d_2} & \equiv & a_2{}^{d_2} & (\mathrm{mod}\ n) \\
\vdots & \vdots & \vdots & & \vdots & \vdots \\
i & d_i & \left(a^{2^i}\right)^{d_i} & \equiv & a_i{}^{d_i} & (\mathrm{mod}\ n) \\
\vdots & \vdots & \vdots & & \vdots & \vdots \\
t-1 & d_{t-1} & \left(a^{2^{t-1}}\right)^{d_{t-1}} & \equiv & a_{t-1}{}^{d_{t-1}} & (\mathrm{mod}\ n) \\
t & d_t & \left(a^{2^t}\right)^{d_t} & \equiv & a_t{}^{d_t} & (\mathrm{mod}\ n)\quad (\times
\end{array}
\tag{7.43}
$$

$$a^k = \prod_{i=1}^{t} \left(a^{2^i}\right)^{d_i} \equiv \prod_{i=1}^{t} a_i{}^{d_i} = A\ (\mathrm{mod}\ n) \tag{7.44}$$

指数 k を 2 進展開して $t+1$ 桁のとき，実際の計算過程を考えてみる。

• $a \equiv a_0\ (\mathrm{mod}\ n)$ を計算して⑥列の a_0 を求める。

- つぎに，⑤列の $a_0{}^2$ を求めてから，$a_0{}^2 \equiv a_1 \pmod{n}$ を計算して⑥列の a_1 を求める。

- つぎに，⑤列の $a_1{}^2$ を求めてから，$a_1{}^2 \equiv a_2 \pmod{n}$ を計算して⑥列の a_2 を求める。

- この $a_i{}^2$ の 2 乗計算と n を法とした演算を繰り返すことにより，$i = t$ まで⑤列と⑥列を計算する。

- そして，$d_i = 1 \ (0 \leqq i \leqq t)$ のときの a_i をすべて掛けることにより，式 (7.44) の A が計算できる。

- そして

$$a^k \equiv A \pmod{n} \qquad \text{ただし，} 0 \leqq A < n$$

を求めればよいことになる。

例題 7.1　$30^{25} \equiv A \pmod{39}$ を求めなさい。

【解答】　アルゴリズム 7.3 の手順に従って計算する。

　手順 1：　指数 $k = 25$ を 2 進展開する。

```
2)   25
2)   12 | 1  = d_0
2)    6 | 0  = d_1
2)    3 | 0  = d_2
      1 | 1  = d_3
      ‖
      d_4
```

$$
\begin{aligned}
k = 25 &= \underline{1} \cdot 2^0 + 0 \cdot 2^1 + 0 \cdot 2^2 + \underline{1} \cdot 2^3 + \underline{1} \cdot 2^4 \\
&= \underline{d_0} \cdot 2^0 + d_1 \cdot 2^1 + d_2 \cdot 2^2 + \underline{d_3} \cdot 2^3 + \underline{d_4} \cdot 2^4 \\
&= \underline{1} \cdot 2^0 + \underline{1} \cdot 2^3 + \underline{1} \cdot 2^4 \\
&= \underline{d_0} \cdot 2^0 + \underline{d_3} \cdot 2^3 + \underline{d_4} \cdot 2^4
\end{aligned}
$$

したがって，$d_i = 1$ となる，$d_0, \ d_3, \ d_4$ に注目すればよい。

$$k = 25 = \underline{d_0} \cdot 2^0 + \underline{d_3} \cdot 2^3 + \underline{d_4} \cdot 2^4 \tag{7.45}$$

　手順 2：　指数 k の底 $a = 30$ の 2 乗を 30^{2^4} まで繰り返し計算する。

$$d_0 = \underline{1}: \quad a = 30^{2^0} = 30 = (30)^{2^0} \equiv a_0 \quad (\mathrm{mod}\ 39)$$
$$\equiv \underline{-9} \quad (\mathrm{mod}\ 39)$$

$$d_0 = \underline{1}: a = 30^{2^0} \equiv a_0 \equiv \underline{-9} \ (\mathrm{mod}\ 39) \tag{7.46}$$

$$d_1 = 0: \quad 30^{2^1} = 30^2 = (30)^{2^1} \equiv (-9)^2 \equiv a_1 \quad (\mathrm{mod}\ 39)$$
$$\equiv 3 \quad (\mathrm{mod}\ 39)$$

$$d_1 = 0: 30^{2^1} \equiv a_1 \equiv 3 \ (\mathrm{mod}\ 39) \tag{7.47}$$

$$d_2 = 0: \quad 30^{2^2} = 30^4 = (30^2)^2 \equiv \quad 3^2 \equiv a_2 \quad (\mathrm{mod}\ 39)$$
$$\equiv 9 \quad (\mathrm{mod}\ 39)$$

$$d_2 = 0: 30^{2^2} \equiv a_2 \equiv 9 \ (\mathrm{mod}\ 39) \tag{7.48}$$

$$d_3 = \underline{1}: \quad 30^{2^3} = 30^8 = (30^4)^2 \equiv \quad 9^2 \equiv a_3 \quad (\mathrm{mod}\ 39)$$
$$\equiv \underline{3} \quad (\mathrm{mod}\ 39)$$

$$d_3 = \underline{1}: 30^{2^3} \equiv a_3 \equiv \underline{3} \ (\mathrm{mod}\ 39) \tag{7.49}$$

$$d_4 = \underline{1}: \quad 30^{2^4} = 30^{16} = (30^8)^2 \equiv 3^2 \equiv a_4 \quad (\mathrm{mod}\ 39)$$
$$\equiv \underline{9} \quad (\mathrm{mod}\ 39)$$

$$d_4 = \underline{1}: 30^{2^4} \equiv a_4 \equiv \underline{9} \ (\mathrm{mod}\ 39) \tag{7.50}$$

実際の計算では，下記の繰り返し演算を行う。

$$\begin{cases} d_0 = \underline{1}: & a = 30 & \equiv a_0 = \underline{-9} & (\mathrm{mod}\ 39) \\ d_1 = 0: & a_0{}^2 = (-9)^2 \equiv a_1 = \quad 3 & (\mathrm{mod}\ 39) \\ d_2 = 0: & a_1{}^2 = 3^2 & \equiv a_2 = \quad 9 & (\mathrm{mod}\ 39) \\ d_3 = \underline{1}: & a_2{}^2 = 9^2 & \equiv a_3 = \quad \underline{3} & (\mathrm{mod}\ 39) \\ d_4 = \underline{1}: & a_3{}^2 = 3^2 & \equiv a_4 = \quad \underline{9} & (\mathrm{mod}\ 39) \end{cases}$$

手順 3： 式 (7.45) で $d_0 = d_3 = d_4 = 1$ のときだけ，式 (7.46)，(7.49)，(7.50) の $a_0 = \underline{-9}$，$a_3 = \underline{3}$，$a_4 = \underline{9}$ を掛ける。

$$30^{25} \equiv (-9) \cdot 3 \cdot 9 \equiv (-81) \cdot 3 \equiv (-3) \cdot 3 \equiv -9 \equiv 30 \ (\mathrm{mod}\ 39) \quad \diamondsuit$$

この例題から，30^{25} の単純な計算では，掛け算を 24 回行わなければならない。しかし，繰り返し 2 乗法の例題 7.1 では，式 (7.48) と式 (7.50) は 2 乗すれば式 (7.47) と同じであるため計算しなくてよく，2 回の掛け算で済んでいる。ただし，式 (7.47) で $81 \div 39$ の 1 回の割り算を行っている。

7.1.2 項で，平文 $A = 30$ のとき，$A^{ed} \equiv 30^{25} \equiv 30 \ (\mathrm{mod}\ 39)$ と平文に戻ってくることが検証できた。

参考 7.1 （30^{25} の値）

$30^{25} = 8\,472\,886\,094\,430\,000\,000\,000\,000\,000\,000\,000\,000$ である。

7.4.2 Excel での効率的な計算方法

長い平文を暗号化するには，表7.2に示したような，変換表を作ることによって簡単に暗号化および復号ができる。計算のオートフィル機能，絶対参照，相対参照，複合参照を用い作表することが可能である。

例題 7.2 $p = 3, q = 7$ のとき，最小公倍数を用いる方法により，公開鍵，秘密鍵を作りなさい。そして，Excel を用いてモード表を作成しなさい。平文 $A = 9$ として，暗号文を作成しなさい。

【解答】

（1） 一つ目の暗号化鍵（公開鍵）：n

式 (7.23) より

$$n = p \times q = 3 \times 7 = 21 \tag{7.51}$$

式 (7.24) より

$$l = [p - 1, q - 1] = [2, 6] = 6 \tag{7.52}$$

（2） 二つ目の暗号化鍵（公開鍵）：e

式 (7.25) より，最大公約数 $(e, l) = (e, 6) = 1$ となる e の候補は，6 と互いに素となる数である。その候補は，$e = 5$ となる。

$$e = 5 \tag{7.53}$$

（3） 秘密鍵：d

式 (7.27) より，$ed \equiv 1 \pmod{l}$ を満たす d を求める。式 (7.52), (7.53) より

$$5d \equiv 1 \pmod{6} \tag{7.54}$$

$(5, 6) = 1$ なので唯一の解をもつ。

$$6d \equiv 0 \pmod{6} \tag{7.55}$$

式 (7.55) − 式 (7.54) より

$$\therefore \quad d \equiv -1 \equiv 5 \pmod{6} \tag{7.56}$$

つぎに，Excel による 21 を法として $p = 3$, $q = 7$ のモード表の作成手順を示す。

手順 1 : セル B1 に法を取りたい数字を記入する。図 **7.1** では (mod 21) である。

図 **7.1** 　手順 1 : 21 を法とした表作成

手順 2 : 平文のセル B4 に 0 を，セル B5 に 1 を代入する。列（縦）方向のオートフィル機能で式 (7.5) の A の範囲までを計算する。

図 **7.2** では，$A < 21 = p \times q$ であるが，確認の意味でセル B26 の 22 までとしている。

手順 3 : べき乗の指数をセル C3 に 1 を，セル D3 に 2 を代入する。行（横）方向のオートフィル機能で式 (7.18) の $ed = 25$ の範囲までを計算するとよい。

図 7.2 では，式 (7.19) から $[p-1, q-1] \times k+ = [2,6] \times k+1 = 6 \times k+1$, $k \in \mathbb{N}$ ごとに繰り返される。そこで，確認の意味でセル P3 の 14 までとしている。

手順 4 : セル C4 = MOD(\$B4, \$B\$1) と MOD 関数の第 1 パラメータはセル \$B4 を列固定の複合参照した値，第 2 パラメータはセル \$B\$1 と絶対参照した値とで計算させる（図 **7.3**）。

つぎに，セル C4 を選択後，列方向のオートフィル機能を使用して，セル B26 までを計算させる。

図 **7.2**　手順 2：21 を法とした表作成

図 **7.3**　手順 4：21 を法とした表作成

手順 5：　セル D4 = MOD(C4 ∗ $B4, B1) と MOD 関数の第 1 パラメータ
はセル C4 を相対参照した値と$B4 を列固定の複合参照した値との積とし，第 2
パラメータはセルB1 と絶対参照した値とで計算させる（図 **7.4**）。

図 **7.4** 手順 5：21 を法とした表作成

手順 6： セル D4 を選択後，列方向のオートフィル機能を使用して，セル D26 までを計算させる。列方向のオートフィル後，D2〜D25 が選択状態で，行方向のオートフィル機能を使用して，セル P26 までを計算させる（図 **7.5**）。

図 **7.5** 手順 6：21 を法とした表作成

この手順で完成した表を**表 7.5** に示す。

表 7.5 手順 6 : 21 を法とした Excel を用いたモード表 (完成例)

A＼e (mod 21)	1	2	3	4	5	6	7	8	9	10	11	12	13	14	15	16	17	18	19	20	21	22	23	24	25 (ed=25)
0	0	0	0	0	0	0	0	0	0	0	0	0	0	0	0	0	0	0	0	0	0	0	0	0	0
1	1	1	1	1	1	1	1	1	1	1	1	1	1	1	1	1	1	1	1	1	1	1	1	1	1
2	2	4	8	16	11	1	2	4	8	16	11	1	2	4	8	16	11	1	2	4	8	16	11	1	2
3	3	9	6	18	12	15	3	9	6	18	12	15	3	9	6	18	12	15	3	9	6	18	12	15	3
4	4	16	1	4	16	1	4	16	1	4	16	1	4	16	1	4	16	1	4	16	1	4	16	1	4
5	5	4	20	16	17	1	5	4	20	16	17	1	5	4	20	16	17	1	5	4	20	16	17	1	5
6	6	15	6	15	6	15	6	15	6	15	6	15	6	15	6	15	6	15	6	15	6	15	6	15	6
7	7	7	7	7	7	7	7	7	7	7	7	7	7	7	7	7	7	7	7	7	7	7	7	7	7
8	8	1	8	1	8	1	8	1	8	1	8	1	8	1	8	1	8	1	8	1	8	1	8	1	8
9	9	18	15	9	18	15	9	18	15	9	18	15	9	18	15	9	18	15	9	18	15	9	18	15	9
10	10	16	13	4	19	1	10	16	13	4	19	1	10	16	13	4	19	1	10	16	13	4	19	1	10
11	11	16	8	4	2	1	11	16	8	4	2	1	11	16	8	4	2	1	11	16	8	4	2	1	11
12	12	18	6	9	3	15	12	18	6	9	3	15	12	18	6	9	3	15	12	18	6	9	3	15	12
13	13	1	13	1	13	1	13	1	13	1	13	1	13	1	13	1	13	1	13	1	13	1	13	1	13
14	14	7	14	7	14	7	14	7	14	7	14	7	14	7	14	7	14	7	14	7	14	7	14	7	14
15	15	15	15	15	15	15	15	15	15	15	15	15	15	15	15	15	15	15	15	15	15	15	15	15	15
16	16	4	1	16	4	1	16	4	1	16	4	1	16	4	1	16	4	1	16	4	1	16	4	1	16
17	17	16	20	4	5	1	17	16	20	4	5	1	17	16	20	4	5	1	17	16	20	4	5	1	17
18	18	9	15	18	9	15	18	9	15	18	9	15	18	9	15	18	9	15	18	9	15	18	9	15	18
19	19	4	13	16	10	1	19	4	13	16	10	1	19	4	13	16	10	1	19	4	13	16	10	1	19
20	20	1	20	1	20	1	20	1	20	1	20	1	20	1	20	1	20	1	20	1	20	1	20	1	20
21	0	0	0	0	0	0	0	0	0	0	0	0	0	0	0	0	0	0	0	0	0	0	0	0	0
22	1	1	1	1	1	1	1	1	1	1	1	1	1	1	1	1	1	1	1	1	1	1	1	1	1

A＝平文　mod 21　べき乗 d,e

表 7.5 で $A = 9, e = 5$ の交点が，暗号文 A'

$$A' \equiv A^e \quad (\text{mod } n)$$
$$A' \equiv 9^5 \quad (\text{mod } 21)$$
$$\therefore \quad A' \equiv 18 \quad (\text{mod } 21)$$

を計算した結果の $A' = 18$ となる。

そして，表 7.5 で $A = 9, ed = 25$ の交点が，復号された平文 A

$$A \equiv (A')^d \quad (\text{mod } n)$$
$$A \equiv (A^e)^d \quad (\text{mod } n) \quad (\because \quad A' \equiv A^e \ (\text{mod } n))$$
$$A \equiv A^{ed} \quad (\text{mod } n)$$
$$A \equiv 9^{25} \quad (\text{mod } 21)$$
$$\therefore \quad A \equiv 9^{25} \equiv 9 \quad (\text{mod } 21)$$

を計算した結果の $A = 9$ となっている。   ◇

章 末 問 題

【 1 】 RSA 暗号の鍵の生成，暗号化，復号の手順を示しなさい。

【 2 】 問題【 1 】で，暗号化鍵 n, e と復号鍵 d として，平文 A としたとき

$$ed \equiv 1 \ (\text{mod } \varphi(n)) \implies (A')^d = A^{ed} \equiv A \ (\text{mod } n)$$

が成り立つことを証明する過程の ①〜⑮ の空欄に適切な式，記号，語句を埋めなさい。

- 暗号化鍵は相異なる奇素数 p, q の積 $n = pq$ なので

$$\varphi(n) = \underline{\qquad ① \qquad}$$

- RSA 暗号の基本的な処理手順アルゴリズム 7.1 で，秘密鍵を生成するための式

$$ed \equiv 1 \ (\text{mod } \varphi(n))$$

は，$k \in \mathbb{Z}$ とすると

$$ed = \underline{\qquad\qquad ② \qquad\qquad}$$

と表せる。したがって

$$(A')^d = (A^e)^d = \underline{\qquad\qquad ③ \qquad\qquad}$$
$$\equiv X \ (\text{mod } n = pq), \ X = A$$

を導出する。

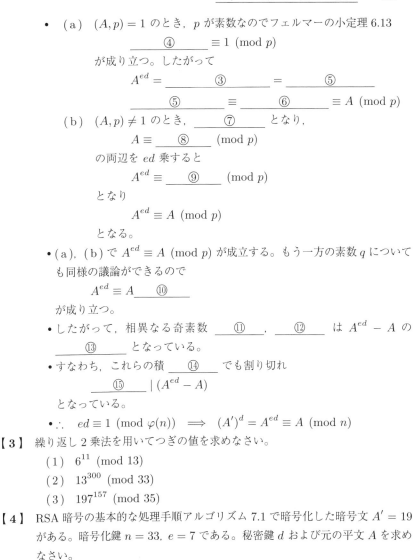

- （ a ）　$(A, p) = 1$ のとき，p が素数なのでフェルマーの小定理 6.13

$$\underline{\qquad ④ \qquad} \equiv 1 \pmod{p}$$

が成り立つ。したがって

$$A^{ed} = \underline{\qquad ③ \qquad} = \underline{\qquad ⑤ \qquad}$$

$$\underline{\qquad ⑤ \qquad} \equiv \underline{\qquad ⑥ \qquad} \equiv A \pmod{p}$$

- （ b ）　$(A, p) \neq 1$ のとき，$\underline{\qquad ⑦ \qquad}$ となり，

$$A \equiv \underline{\qquad ⑧ \qquad} \pmod{p}$$

の両辺を ed 乗すると

$$A^{ed} \equiv \underline{\qquad ⑨ \qquad} \pmod{p}$$

となり

$$A^{ed} \equiv A \pmod{p}$$

となる。

- （ a ），（ b ）で $A^{ed} \equiv A \pmod{p}$ が成立する。もう一方の素数 q について
も同様の議論ができるので

$$A^{ed} \equiv A \underline{\qquad ⑩ \qquad}$$

が成り立つ。

- したがって，相異なる奇素数　$\underline{\quad ⑪ \quad}$，$\underline{\quad ⑫ \quad}$　は $A^{ed} - A$ の

$$\underline{\qquad ⑬ \qquad}$$ となっている。

- すなわち，これらの積　$\underline{\quad ⑭ \quad}$　でも割り切れ

$$\underline{\qquad ⑮ \qquad} \mid (A^{ed} - A)$$

となっている。

- $\therefore \quad ed \equiv 1 \pmod{\varphi(n)} \implies (A')^d = A^{ed} \equiv A \pmod{n}$

【3】　繰り返し 2 乗法を用いてつぎの値を求めなさい。

（1）　$6^{11} \pmod{13}$

（2）　$13^{300} \pmod{33}$

（3）　$197^{157} \pmod{35}$

【4】　RSA 暗号の基本的な処理手順アルゴリズム 7.1 で暗号化した暗号文 $A' = 19$
がある。暗号化鍵 $n = 33$，$e = 7$ である。秘密鍵 d および元の平文 A を求め
なさい。

【5】　RSA 暗号の基本的な処理手順アルゴリズム 7.1 で暗号化したい。相異なる奇
素数 $p = 7, q = 13$ とし，暗号化鍵 $e = 17$ とする。平文 $A = 25$ を暗号化し
暗号文 A' を求めなさい。求まった暗号文を復号し，平文 A に戻ることを確認
しなさい。

【6】 RSA 暗号の最小公倍数を用いる RSA 暗号アルゴリズム 7.2 で暗号化したい。相異なる奇素数 $p = 3, q = 7$ とする。

(1) 公開鍵 e と秘密鍵 d を求めなさい。

(2) 平文 $A = 19$ を暗号化し，暗号文 A' を求めなさい。

(3) 求まった暗号文を復号し，平文 A に戻ることを確認しなさい。

引用・参考文献

1) 高木貞治：数の概念，岩波書店 (1970)
2) 高木貞治：初等整数論講義 第 2 版，共立出版 (1977)
3) 楫　元：工科系のための初等整数論入門 – 公開鍵暗号をめざして – (情報数理シリーズ A–5)，培風館 (2009)
4) 河田直樹：高校・大学生のための整数の理論と演習，現代数学社 (2009)
5) 萩田真理子：暗号のための代数入門 (Computer Science Library 5)，サイエンス社 (2011)
6) 一松　信 (執筆代表)：新数学事典，大阪書籍 (1986)
7) The On-Line Encyclopedia of Integer Sequences (OEIS)：
Retrieved March 20, 2020 from http://oeis.org/
日本語版 オンライン正数列大辞典：
https://oeis.org/?language=japanese

さらに，いろいろな暗号を知りたい人は，多くの書籍が出版されているので参考にしてください。本書では，以下の 3 冊を挙げておきます。

8) 福井幸男：情報システム入門 – 社会を守る暗号セキュリティ編 –，日科技連出版社 (2010)
9) 伊藤正史：図解雑学 暗号理論 (図解雑学シリーズ)，ナツメ社 (2003)
10) 情報処理学会 (監修)，岡本龍明，太田和夫 (共編)：暗号・ゼロ知識証明・数論，共立出版 (1995)

章末問題解答

1 章

【**1**】 (1), (4)

【**2**】 $\pm 1, \pm 2, \pm 3, \pm 6$

【**3**】 $1, 2, 3, 6$

【**4**】 $0, \pm 6, \pm 12, \pm 18$

【**5**】 (1) $\quad 23 = 7 \times 3 + 2 \qquad \therefore \quad q = 3,\ r = 2$

(2) $\quad -15 = 7 \times (-3) + 6 \quad \therefore \quad q = -3,\ r = 6$

(3) $\quad 0 = 7 \times 0 + 0 \qquad \therefore \quad q = 0,\ r = 0$

(4) $\quad 15 = -7 \times (-2) + 1 \quad \therefore \quad q = -2,\ r = 1$

【**6**】 $41 = b \times q + r = b \times q + 5$

$36 = b \times q$

$\therefore \quad b \mid 36$

$\left. \begin{array}{l} b \mid 36 \\ |b| > r = 5 \end{array} \right\} \longrightarrow b = \pm 6, \pm 9, \pm 12, \pm 18, \pm 36$

【**7**】 100 までの自然数の 3 で割り切れる数の総数 $= \left\lfloor \dfrac{100}{3} \right\rfloor = 33$

$[3, 4] = 12$ の 100 までの倍数の総数 $= \left\lfloor \dfrac{100}{12} \right\rfloor = 8 \longrightarrow n = 33 - 8 = 25$ 個

2 章

【**1**】 (1) 24 の倍数 $= 0, \pm 24, \pm 48, \pm 72, \pm 96, \pm 120, \pm 144, \pm 168, \cdots$

42 の倍数 $= 0, \pm 42, \pm 84, \pm 126, \pm 168, \cdots$

公倍数 $= 0, \pm 168, \cdots$

$\therefore \quad [24, 48] = 168$

24 の約数 $= \pm 1, \pm 2, \pm 3, \pm 4, \pm 6, \pm 8, \pm 12, \pm 24$

42 の約数 $= \pm 1, \pm 2, \pm 3, \pm 6, \pm 7, \pm 14, \pm 21, \pm 42$

公約数 $= \pm 1, \pm 2, \pm 3, \pm 6$

$\therefore \quad (24, 48) = 6$

（ 2 ） 60 の倍数 $= 0, \pm 60, \pm 180, \pm 240, \pm 300, \cdots$

60 の倍数 $= 0, \pm 60, \pm 180, \pm 240, \pm 300, \cdots$

150 の倍数 $= 0, \pm 150, \pm 300, \cdots$

公倍数 $= 0, \pm 300, \cdots$

$\therefore \quad [60, 150] = 300$

60 の約数 $= \pm 1, \pm 2, \pm 3, \pm 4, \pm 5, \pm 6, \pm 10, \pm 12, \pm 15, \pm 20, \pm 30, \pm 60$

150 の約数 $= \pm 1, \pm 2, \pm 3, \pm 5, \pm 6, \pm 10, \pm 15, \pm 25, \pm 30, \pm 50, \pm 75, \pm 150$

公約数 $= \pm 1, \pm 2, \pm 3, \pm 5, \pm 6, \pm 10, \pm 15, \pm 30$

$\therefore \quad (60, 150) = 30$

（ 3 ） 5 の倍数 $= 0, \pm 5, \pm 10, \pm 15, \pm 20, \pm 25, \pm 30, \pm 35, \pm 40, \pm 50, \pm 55, \cdots$

11 の倍数 $= 0, \pm 11, \pm 22, \pm 33, \pm 44, \pm 55, \cdots$

公倍数 $= 0, \pm 55, \cdots$

$\therefore \quad [5, 11] = 55$

5 の約数 $= \pm 1, \pm 5$

11 の約数 $= \pm 1, \pm 11$

公約数 $= \pm 1$

$\therefore \quad (5, 11) = 1$

（ 4 ） 3 の倍数 $= 0, \pm 3, \pm 6, \pm 15, \cdots, \pm 231, \cdots$

7 の倍数 $= 0, \pm 7, \pm 14, \pm 21, \cdots, \pm 231, \cdots$

11 の倍数 $= 0, \pm 11, \pm 22, \pm 33, \cdots, \pm 231, \cdots$

公倍数 $= 0, \pm 231, \cdots$

$\therefore \quad [3, 7, 11] = 231$

3 の約数 $= \pm 1, \pm 3$

7 の約数 $= \pm 1, \pm 7$

11 の約数 $= \pm 1, \pm 11$

公約数 $= \pm 1$

$\therefore \quad (3, 7, 11) = 1$

（ 5 ） 30 の倍数 $= 0, \pm 30, \pm 90, \pm 120, \pm 150, \pm 180, \pm 210, \cdots$

70 の倍数 $= 0, \pm 70, \pm 210, \cdots$

105 の倍数 $= 0, \pm 105, \pm 210, \cdots$

公倍数 $= 0, \pm 210, \cdots$

$\therefore \quad [30, 70, 105] = 210$

30 の約数 $= \pm 1, \pm 2, \pm 3, \pm 5, \pm 6, \pm 10, \pm 15, \pm 30$

70 の約数 $= \pm 1, \pm 2, \pm 5, \pm 7, \pm 10, \pm 14, \pm 35, \pm 70$

105 の約数 $= \pm 1, \pm 3, \pm 5, \pm 7, \pm 15, \pm 21, \pm 35, \pm 105$

公約数 $= \pm 1, \pm 5$

$\therefore$　$(30, 70, 105) = 5$

【2】　(1)　$60 = 5 \times 3 \times 2^2$,　$105 = 5 \times 3 \times 7$

最大公約数 $g = (60, 105) = 5 \times 3 = 15$

最小公倍数 $l = \dfrac{60 \times 105}{g} = \dfrac{60 \times 105}{15} = 420$

(2)　$462 = 2 \times 3 \times 7 \times 11$,　$2\,145 = 3 \times 5 \times 11 \times 13$

最大公約数 $g = (462, 2\,145) = 3 \times 11 = 33$

最小公倍数 $l = \dfrac{462 \times 2\,145}{g} = \dfrac{462 \times 2\,145}{33} = 30\,030$

【3】　(1)　$3, 11, 17$ は素数

最大公約数 $g = (3, 11, 17) = 1$

最小公倍数 $l = 3 \times 11 \times 17 = 561$

(2)　$12 = 2^2 \times 3$,　$24 = 2^4 \times 3$,　$132 = 2^3 \times 3 \times 11$

最大公約数 $g = (12, 24, 132) = 2^2 \times 3 = 12$

最小公倍数 $l = \dfrac{12 \times 24 \times 132}{g} = \dfrac{12 \times 24 \times 132}{12} = 264$

【4】　$q_1,\ q_2 \in \mathbb{Z}$ として

$$c \mid b \quad \longrightarrow \quad b = cq_1,\ \ b \mid a \quad \longrightarrow \quad a = bq_2 = cq_1 \times q_2 = c(q_1 q_2)$$

$\therefore$　$c \mid a$　$(\because\ q_1 q_2 \in \mathbb{Z})$

【5】　定理 2.3 の証明と同じ。

【6】　定理 2.4 の証明と同じ。

3 章

【1】　$m = 1\,024,\ n = 40,\ i = 0,\ r_0 = 1\,024,\ r_1 = 40$

$i = 1,\ r_1 \neq 0,\ r_0 = 1\,024 = r_1 \times q_1 + r_2 = 40 \times 25 + 24$

$\qquad\qquad\qquad\qquad q_1 = 40,\qquad r_2 = 24$

$i = 2,\ r_2 \neq 0,\ r_1 = \quad 40 = r_2 \times q_2 + r_3 = 24 \times 1 + 16$

$\qquad\qquad\qquad\qquad q_2 = 1,\qquad r_3 = 16$

$i = 3,\ r_3 \neq 0,\ r_2 = \quad 24 = r_3 \times q_3 + r_4 = 16 \times 1 + 8$

$\qquad\qquad\qquad\qquad q_3 = 1,\qquad r_4 = 8$

$i = 4,\ r_4 \neq 0,\ r_3 = \quad 16 = r_4 \times q_4 + r_5 = 8 \times 2 + 0$

$\qquad\qquad\qquad\qquad q_4 = 2,\qquad r_5 = 0$

$i = 5,\ r_5 = 0,\ L = i - 1 = 5 - 1 = 4$

i	r_{i-1}	r_i	商 q_i	余り r_{i+1}
0		$r_0 = a$		$r_1 = b$
		1 024		40
1	$r_0 = a$	$r_1 = b$	q_1	r_2
	1 024 $=$	40 $\times$	25 $+$	24
2	r_1	r_2	q_2	r_3
	40 $=$	24 $\times$	1 $+$	16
3	r_2	r_3	q_3	r_4
	24 $=$	16 $\times$	1 $+$	8
4	r_3	r_4	q_4	r_5
	16 $=$	8 $\times$	2 $+$	0

$g = r_4 = 8$

$$l = [1\,024, 40] = \frac{1\,024 \times 40}{8} = 5\,120$$

【2】

$$(819, 715, 1\,352, 975) = (715, 819, 975, 1\,352)$$

$$819 = 715 \times 1 + 104$$
$$975 = 715 \times 1 + 260$$
$$1\,352 = 715 \times 1 + 637$$
$$(715, 104, 260, 637) = (104, 260, 637, 715)$$

$$260 = 104 \times 2 + 52$$
$$637 = 104 \times 6 + 13$$
$$715 = 104 \times 6 + 91$$
$$(104, 52, 13, 91) = (13, 52, 91, 104)$$

$$52 = 13 \times 4 + 0$$
$$91 = 13 \times 7 + 0$$
$$104 = 13 \times 8 + 0 = (13, 0, 0, 0) = (13)$$
$$\therefore \quad (819, 715, 1\,352, 975) = 13$$

【3】

$$
\begin{array}{r|ccc}
\underline{2}) & 12 & 40 & 64 \\
\hline
\underline{2}) & 6 & 20 & 32 \\
\hline
\underline{2}) & \overset{\cdot\cdot}{3} & 10 & 16 \\
\hline
 & 3 & 5 & 8
\end{array}
$$

$\longrightarrow$ 左端縦方向と最下段横方向との積で

最小公倍数 $l = [12, 40, 64] = \underline{2}^2 \times \underset{\sim}{2} \times \overset{\cdot\cdot}{3} \times 5 \times 8 = 960$

左端縦方向の $\underline{2}$ の積で最大公約数 $g = (12, 40, 64) = 2^2 = 4$

【4】 定理 3.1 で述べた図 3.1 を立方体で考え，$18 \times 42 \times 24$ の直方体を隙間なく埋め尽くすことのできる最大の立方体を求める．すなわち，$18, 42, 24$ の最大公約数を求めればよい．

$$
\begin{array}{r|ccc}
3) & 18 & 42 & 24 \\
\hline
2) & 6 & 14 & 8 \\
\hline
 & 3 & 7 & 4
\end{array}
$$

左端縦方向の積で最大公約数 $g = (18, 42, 24) = 3 \times 2 = 6$

$$\therefore \quad \frac{18 \times 42 \times 24}{6^3} = 84 \text{ 個}$$

【5】 定理 3.1 の式 (3.2) から $g = (a_n, b_n) = (b_n, r)$ となる．

$a_n = r_0,\ b_n = r_1$ とすると

$(r_0 =)\ a_n = b_n \times q_1 + r_2 = (n^2 + 1) \times (n - 8) + (n + 8)$

$(r_1 =)\ b_n = r_2 \times q_2 + r_3 = (n + 8) \times (n - 8) + 65$

$\big((a_n, b_n) = \big)\ (r_0, r_1) = (r_1, r_2) = (r_2, r_3) = (n + 8, 65)$

$n \in \mathbb{N}$ より，$n + 8 \geqq 9$ となる．

$g = 1, 5, 13, 65 \quad (65 = 1 \times 5 \times 13 \text{ の約数})$

$$
r_1 = b_n \implies
\begin{array}{r}
n\ -8 \quad\Longleftarrow\ q_1 \\
n^2 + 1\ \overline{)\ n^3 - 8n^2 + 2n} \quad\Longleftarrow\ a_n = r_0 \\
\underline{n^3 \qquad\quad + n} \\
-8n^2\ + n \\
\underline{-8n^2 \qquad - 8} \\
n\ + 8 \quad\Longleftarrow\ r_2
\end{array}
$$

$$r_2 \implies n+8 \enclose{longdiv}{} \begin{array}{r} n \quad -8 \quad \Longleftarrow q_2 \\ \hline n^2 \qquad\qquad +1 \quad \Longleftarrow b_n = r_1 \\ n^2 +8n \\ \hline -8n \quad +1 \\ -8n \quad -64 \\ \hline 65 \quad \Longleftarrow r_3 \end{array}$$

　ここで，多項式の筆算による割り算で高次の係数から順番に係数のみを書いて行う方法を紹介する。この方法では，係数が 0 の次数の項も 0 を明記する。

$$n^3 - 8n^2 + 2n = n^3 - 8n^2 + 2n \underline{+0} \implies 1 \quad -8 \quad 2 \quad \underline{0}$$

$$n^2 + 1 = n^2 \underline{+0n} + 1 \implies 1 \quad \underline{0} \quad 1$$

$$r_1 = b_n \implies 1 \quad 0 \quad 1 \enclose{longdiv}{} \begin{array}{r} 1 \quad -8 \qquad\qquad \Longleftarrow q_1 \\ \hline 1 \quad -8 \quad 2 \quad 0 \quad \Longleftarrow a_n = r_0 \\ 1 \quad 0 \quad 1 \\ \hline -8 \quad 1 \quad 0 \\ -8 \quad 0 \quad -8 \\ \hline 1 \quad 8 \quad \Longleftarrow r_2 \end{array}$$

$$1 \quad 8 \text{ なので } n+8 \text{ となる}$$

同様に

$$n^2 + 1 \implies 1 \quad 0 \quad 1$$

$$n + 8 \implies 1 \quad 8$$

$$r_2 \implies 1 \quad 8 \enclose{longdiv}{} \begin{array}{r} 1 \quad -8 \quad \Longleftarrow q_2 \\ \hline 1 \quad 0 \quad 1 \quad \Longleftarrow b_n = r_1 \\ 1 \quad 8 \\ \hline -8 \quad 1 \\ -8 \quad -64 \\ \hline 65 \quad \Longleftarrow r_3 \end{array}$$

　この係数のみを書いて行う筆算では，係数が 0 の項も明記するので，0 の係数を含む筆算でミスを防ぐことができる。

4 章

【1】（1）ユークリッドの互除法を適用し，最大公約数 $g = (7, -18) = (18, 7)$ を求める。

$$7x - 18y = 1 \tag{A4.1}$$

$$18 = 7 \times 2 + 4 \tag{A4.2}$$

$$7 = 4 \times 1 + 3 \tag{A4.3}$$

$$4 = 3 \times 1 + 1 \tag{A4.4}$$

$$3 = 1 \times 3 + 0$$

$$\therefore \quad g = 1 \tag{A4.5}$$

式 (A4.1) の右辺の定数項は 1, 最大公約数は 1 である。したがって, 定理 4.2 より式 (A4.1) は解をもつ。つぎに, 1 組の解を求める。式 (A4.4) を余り 1 について解く。

$$1 = 4 - 3 \times 1 \tag{A4.6}$$

式 (A4.3) を余り 3 について解く。

$$3 = 7 - 4 \times 1 \tag{A4.7}$$

式 (A4.6) に式 (A4.7) を代入する。

$$1 = 4 - (7 - 4) = 2 \times 4 - 7 \tag{A4.8}$$

式 (A4.2) を余り 4 について解く。

$$4 = 18 - 7 \times 2 \tag{A4.9}$$

式 (A4.8) に式 (A4.9) を代入する。

$$1 = 2 \times (18 - 7 \times 2) - 7 = -5 \times 7 - (-2) \times 18 \tag{A4.10}$$

式 (A4.10) は与えられた式 (A4.1) を満足する。

$$\therefore \quad 1 \text{ 組の解 } x_0 = -5, \ y_0 = -2$$

となる。したがって, すべての解は式 (4.26), (4.27) で $g = 1$ より

$$x = -5 - 18k, \ y = -2 - 7k \qquad k \in \mathbb{Z}$$

・一般解として複号同順でどちらかの符号があれば正解とする。

$$\begin{cases} x = -5 \mp 18k \\ y = -2 \mp 7k \qquad k \in \mathbb{Z} \end{cases}$$

(2)　ユークリッドの互除法を適用し, 最大公約数 $g = (157, 68)$ を求める。

$$157x + 68y = 3 \tag{A4.11}$$

$$157 = 68 \times 2 + 21 \tag{A4.12}$$

$$68 = 21 \times 3 + 5 \tag{A4.13}$$

$$21 = 5 \times 4 + 1 \tag{A4.14}$$

$$5 = 1 \times 5 + 0$$

$$\therefore \quad g = 1 \tag{A4.15}$$

式 (A4.11) の右辺の定数項は 3，最大公約数は 1 であり，1 | 3 である。したがって，定理 4.2 より式 (A4.11) は解をもつ。ここで

$$157x + 68y = 1 \tag{A4.16}$$

の 1 組の解を求める。式 (A4.14) を余り 1 について解く。

$$1 = 21 - 5 \times 4 \tag{A4.17}$$

式 (A4.13) を余り 5 について解く。

$$5 = 68 - 21 \times 3 \tag{A4.18}$$

式 (A4.17) に式 (A4.18) を代入する。

$$1 = 21 - (68 - 21 \times 3) \times 4 \tag{A4.19}$$

式 (A4.12) を余り 21 について解く。

$$21 = 157 - 68 \times 2 \tag{A4.20}$$

式 (A4.19) に式 (A4.20) を代入する。

$$1 = 13 \times 157 - 30 \times 68 \tag{A4.21}$$

式 (A4.21) は与えられた式 (A4.16) を満足する。

$$\therefore \quad 1 \text{ 組の解 } x_0 = 13, \ y_0 = -30$$

となり，式 (4.10) より，$g = 1$ なので $c' = \dfrac{c}{g} = 3$ となる。式 (A4.11) の 1 組の解は $x = x_0 c' = 13 \times 3, \ y = y_0 c' = -30 \times 3$ となる。したがって，すべての解は式 (4.26)，(4.27) で $g = 1$ なので，式 (4.25) から，$a = a', \ b = b'$ となり

$$\begin{cases} x = 13 \times 3 + 68k = 39 + 68k \\ y = -30 \times 3 - 157k = -90 - 157k \qquad k \in \mathbb{Z} \end{cases}$$

・一般解として複号同順でどちらかの符号があれば正解とする。

$$\begin{cases} x = 39 \pm 68k \\ y = -90 \mp 157k \qquad k \in \mathbb{Z} \end{cases}$$

(3) ユークリッドの互除法を適用し,最大公約数 $g = (45, 105)$ を求める。

$$45x + 105y = 14 \tag{A4.22}$$

$$105 = 45 \times 2 + 15 \tag{A4.23}$$

$$45 = 15 \times 3 + 0 \tag{A4.24}$$

$$\therefore \ g = 15 \tag{A4.25}$$

式 (A4.22) の右辺の定数項は 14,最大公約数は 15 であり,$15 \nmid 14$ である。
$\therefore$ 式 (A4.22) は解をもたない。

【2】 元の自然数 n,10^3 の桁と 10^2 の桁の数値 $n_3 n_2 = x$,10^1 の桁と 10^0 の桁の数値 $n_1 n_0 = y$ とする。

$$n = 10^2 x + y, \quad 10 \leq x \leq 99, \quad 0 \leq y \leq 99 \tag{A4.26}$$

題意より,$100y + x = \dfrac{1}{3}(n-1) = \dfrac{100x + y - 1}{3}$

したがって,$\quad -299y + 97x = 1 \tag{A4.27}$

ユークリッドの互除法を適用し,最大公約数 $g = (-299, 97) = (299, 97)$ を求める。

$$299 = 97 \times 3 + 8 \tag{A4.28}$$

$$97 = 8 \times 12 + 1 \tag{A4.29}$$

$$8 = 1 \times 8 + 0 \tag{A4.30}$$

$$\therefore \ g = 1 \tag{A4.31}$$

式 (A4.27) の右辺の定数項は 1,最大公約数は 1 であり,$1 \mid 1$ である。したがって,定理 4.2 より式 (A4.27) は解をもつ。この 1 組の解を求める。式 (A4.29) を余り 1 について解く。

$$1 = 97 - 8 \times 12 \tag{A4.32}$$

式 (A4.28) を余り 8 について解く。

$$8 = 299 - 97 \times 3 \tag{A4.33}$$

式 (A4.33) を式 (A4.32) に代入する。

$$1 = 97 - (299 - 97 \times 3) \times 12$$

$$= -299 \times 12 + 97 \times 37 \tag{A4.34}$$

式 (A4.34) は与えられた式 (A4.27) を満足する。

$$\therefore \quad 1 \text{ 組の解 } x_1 = 37, \ y_1 = 12 \tag{A4.35}$$

となる。したがって，すべての解は $g = 1$ なので

$$x = 37 + 299k, \ y = 12 + 97k, \quad k \in \mathbb{Z} \tag{A4.36}$$

式 (A4.26) の x, y の範囲を式 (A4.36) に適用すると

$$10 \leqq x = 37 + 299k \leqq 99 \quad \longrightarrow \quad -27 \leqq 299k \leqq 62$$

$$-1 < -\frac{27}{299} \leqq k \leqq \frac{62}{299} < 1 \tag{A4.37}$$

$$1 \leqq y = 12 + 97k \leqq 99 \quad \longrightarrow \quad -11 \leqq 97k \leqq 87$$

$$-1 < -\frac{11}{97} \leqq k \leqq \frac{87}{97} < 1 \tag{A4.38}$$

したがって，$k \in \mathbb{Z}$，および，式 (A4.37) と式 (A4.38) より $k = 0$ となる。

$$\therefore \quad x = 37, y = 12 \text{ となり，元の自然数 } n = 3\,712$$

【3】 $a = 516, \quad b = 159$

$i = 0$ のとき

$$r_0 = 516, \quad r_1 = 159$$
$$s_0 = 1, \qquad s_1 = \quad 0$$
$$t_0 = 0, \qquad t_1 = \quad 1$$

$i = 1$ のとき　$r_0 = 516 = r_1 \times q_1 + r_2 = 159 \times 3 + 39$ より

$$r_2 = 39, \ q_1 = 3$$

$r_2 \neq 0$ のとき　　　$s_2 = s_0 - s_1 \times q_1 = 1 - 0 \times 3 = 1$

$$t_2 = t_0 - t_1 \times q_1 = 0 - 1 \times 3 = -3$$

- -

$a = 516, \quad b = 159$

$i = 2$ のとき　$r_1 = 159 = r_2 \times q_2 + r_3 = 39 \times 4 + 3$ より

$$r_3 = 3, \ q_2 = 4$$

$r_3 \neq 0$ のとき　　　$s_3 = s_1 - s_2 \times q_2 = 0 - 1 \times 4 = -4$

$$t_3 = t_1 - t_2 \times q_2 = -3 - (-4) \times 4 = 13$$

- -

$a = 516, \quad b = 159$

$i = 3$ のとき　$r_2 = 39 = r_3 \times q_3 + r_4 = 3 \times 13 + 0$ より

$$r_4 = 0, \ q_3 = 13$$

$i = 4$ のとき　$r_3 = 0, \ r_4 = 0$

したがって

$$i = 3 = L \text{ のとき} \begin{cases} g = r_3 = \underline{\underline{3}} \\ x_0 = s_3 = \underline{\underline{-4}} \\ y_0 = t_3 = \underline{\underline{13}} \end{cases}$$

この計算過程を**表 A4.1** に示す。

表 A4.1

i	r_{i-1}	r_i	商 q_i	余り r_{i+1}	s_{i+1}	s_i	t_{i+1}	t_i
				初期値として代入				
0	—	$r_0 =$ $a = 516$	—	$r_1 =$ $b = 159$	$s_1 = 0$	$s_0 = 1$	$t_1 = 1$	$t_0 = 0$
1	r_0 516	r_1 159	$q_1 =$ 3	r_2 39	s_2 1	s_1 0	$t_2 =$ -3	t_1 1
2	r_1 159	r_2 39	$q_2 =$ 4	$r_3 =$ 3	$s_3 =$ -4	s_2 1	$t_3 =$ 13	t_2 -3
$L = 3$	r_2 39	r_3 $\underline{\underline{g = 3}}$	$q_3 =$ 13	$r_4 =$ 0	$s_4 =$ —	s_3 $\underline{x_0 = -4}$	$t_4 =$ —	t_3 $\underline{\underline{y_0 = 13}}$
4	r_3 3	r_4 0						

$$a = 516 = ga' = 3 \times 172 \quad \longrightarrow \quad a' = 172$$
$$b = 159 = gb' = 3 \times 53 \quad \longrightarrow \quad b' = 53$$

一般解として複号同順でどちらかの符号があれば正解とする。

$$\begin{cases} x = x_0 \pm b'k = -4 \pm 53k \\ y = y_0 \mp a'k = 13 \mp 172k \qquad k \in \mathbb{Z} \end{cases}$$

【4】 ユークリッドの互除法を適用し，最大公約数 $g = (94, -34) = (94, 34)$ を求める。

余り

$$94 = 34 \times 2 + 26 \tag{A4.39}$$
$$34 = 26 \times 1 + 8 \tag{A4.40}$$
$$26 = 8 \times 3 + 2 \tag{A4.41}$$
$$8 = 2 \times 4 + 0$$
$$\therefore \quad g = 2 \tag{A4.42}$$

式 (4.71) の右辺定数項 4 は最大公約数 2 の倍数である。したがって，定理 4.2 より式 (4.71) は解をもつ。

そこでまず

$$94x - 34y = 2 \tag{A4.43}$$

の 1 組の解を求める。式 (A4.41) を余り 2 について解く。

$$2 = 26 - 8 \times 3 \tag{A4.44}$$

式 (A4.40) を余り 8 について解く。

$$8 = 34 - 26 \times 1 \tag{A4.45}$$

式 (A4.44) に式 (A4.45) を代入する。

$$2 = 26 - 8 \times 3 = 26 - (34 - 26 \times 1) \times 3 = 26 \times (1 + 3) - 34 \times 3$$
$$= 26 \times 4 - 34 \times 3y \tag{A4.46}$$

式 (A4.39) を余り 26 について解く。

$$26 = 94 - 34 \times 2 \tag{A4.47}$$

式 (A4.46) に式 (A4.47) を代入する。

$$2 = 26 \times 4 + 34 \times 3 = (94 - 34 \times 2) \times 4 - 34 \times 3$$
$$= 94 \times 4 - 34 \times (8 + 3) = 94 \times 4 - 34 \times 11 \tag{A4.48}$$

したがって，式 (A4.43) の 1 組の解は

$$x_0 = 4, \quad y_0 = 11 \tag{A4.49}$$

定理 4.2 証明の式 (4.11) より，式 (4.71) の 1 組の解 x_1, y_1 は

$$a\left(c' x_0\right) + b\left(c' y_0\right) = c' g$$

$$94\left(4c'\right) - 34\left(11c'\right) = 2c' = 4 \tag{A4.50}$$

$$\therefore \quad c' = 2, \quad x_1 = 4 \times 2 = 8, \quad y_1 = 11 \times 2 = 22 \tag{A4.51}$$

定理 4.3 の式 (4.25) より

$$a = 94 = ga' = 2a' \quad \longrightarrow \quad a' = 47 \tag{A4.52}$$

$$b = -34 = gb' = 2b' \quad \longrightarrow \quad b' = -17 \tag{A4.53}$$

したがって，式 (A4.51)〜(A4.53) を補題 4.3 の式 (4.37)，(4.38) に代入することにより全体の解が求まる。

$$\therefore \quad \text{式 (4.71) の全体の解} = \begin{cases} x = x_1 \pm b'k = 8 \mp 17k \\ y = y_1 \mp a'k = 22 \mp 47k \end{cases} \quad k \in \mathbb{Z}$$

【5】 補題 4.1 より

$$ax + cy = 1 \tag{A4.54}$$

$$bx' + cy' = 1 \tag{A4.55}$$

となる整数解 x, y および x', y' をもつ。式 (A4.54), (A4.55) の各辺どうしを掛けると

$$(ax + cy) \times (bx' + cy') \quad = 1$$

$$ab\Big(xx'\Big) + c\Big(axy' + byx' + cyy'\Big) = 1 \tag{A4.56}$$

ここで, $x'' = xx'$, $y'' = axy' + byx' + cyy'$ とおくと

$$abx'' + cy'' = 1 \tag{A4.57}$$

x'', $y'' \in \mathbb{Z}$ であり, 一次不定方程式 (A4.57) は解をもっている。したがって, 補題 4.2 より

$$\therefore \quad (ab, c) = 1$$

5 章

【1】 (1) $6 = 7 - 1 \equiv -1 \qquad (\mathrm{mod}\ 7)$
$\qquad\qquad 6^{99} \equiv (-1)^{99} = -1 \quad (\mathrm{mod}\ 7)$
$\qquad\qquad 6^{99} \equiv 6 \qquad\qquad\qquad (\mathrm{mod}\ 7)$

(2) $7^2 = 50 - 1 \equiv -1 \qquad (\mathrm{mod}\ 5)$
$\qquad 7^{100} = 7^{2\,50} \equiv (-1)^{50} = 1 \quad (\mathrm{mod}\ 5)$

【2】

表 A5.1

k＼剰余 r	0	1	2	3	4	5
-3	-18	-17	-16	-15	-14	-13
0	0	1	2	3	4	5
1	6	7	8	9	10	11

【3】 (1) $7x \equiv -1 \quad (\mathrm{mod}\ 24) \tag{A5.1}$

$g = (7, 24) = 1 \ \wedge \ g = 1 \mid -1$ なので唯一の解をもつ。

$$24x \equiv 0 \quad (\mathrm{mod}\ 24) \tag{A5.2}$$

式 (A5.1) $\times 7 -$ 式 (A5.2) $\times 2$ より

$$49x \equiv -7 \qquad (\mathrm{mod}\ 24)$$
$$48x \equiv 0 \qquad (\mathrm{mod}\ 24)$$
$$x \equiv -7 \qquad (\mathrm{mod}\ 24)$$
$$x = -7 + 24k \qquad k \in \mathbb{Z} \tag{A5.3}$$

あるいは

$$x = (-7 + 24) + 24k = 17 + 24k \qquad k \in \mathbb{Z}$$

24 を法として $g = 1$ 個の異なる解をもつ。

$$x = -7 + 24 \times i \qquad i = 0$$

　[検算]　$x = -7 : 7 \times (-7) - (-1) = -48, \quad -48 = 24 \times (-2) + 0$
　　　　　$x = 17 : 7 \times 17 - (-1) = 120, \qquad 120 = 24 \times 5 + 0$

（2）　$15x \equiv 11 \pmod{45}$　　　　　　　　　　　　　　　　　　（A5.4）

$g = (15, 45) = 15 \ \wedge \ g = 15 \nmid 11$ なので解をもたない。

（3）　$65x \equiv 39 \pmod{117}$　　　　　　　　　　　　　　　　（A5.5）

ユークリッドの互除法で $g = (65, 117)$ を求める。

$$117 = 65 \times 1 + 52$$
$$65 = 52 \times 1 + 13$$
$$52 = 13 \times 4 + 0$$
$$g = (65, 117) = 13 \qquad\qquad\qquad\text{(A5.6)}$$

したがって，$g = 13 \mid 39$ となり，式 (A5.5) は異なる 13 個の解をもつ。
　式 (A5.5) を変形すると

$$5 \cdot 13x \equiv 3 \cdot 13 \pmod{9 \cdot 13}$$
$$5x \equiv 3 \pmod 9 \qquad\qquad\qquad\text{(A5.7)}$$
$$9x \equiv 0 \pmod 9 \qquad\qquad\qquad\text{(A5.8)}$$

式 (A5.7) $\times$ 2 $-$ 式 (A5.8) より

$$10x \equiv 6 \pmod 9$$
$$9x \equiv 0 \pmod 9$$
$$x \equiv 6 \pmod 9 \qquad\qquad\qquad\text{(A5.9)}$$
$$x = 6 + 9k \qquad k \in \mathbb{Z}$$

$m = 117$ を法として 13 個の独立な解をもつ。

$$x_i = 6 + 9i \qquad 0 \leqq i \leqq 12, \quad i \in \mathbb{Z}$$

　[検算]　$x = 6 : 65 \times 6 - 39 = 351, \quad 351 = 117 \times 3 + 0$

表 A5.2

K	i	k	$x = (6+9i)+9k$	(mod 9)	65x	(mod 117)	$x = 6+9K$	65x	(mod 117)
0	0	0	6	6	390	39	6	390	39
1	1	0	15	6	975	39	15	975	39
2	2	0	24	6	1 560	39	24	1 560	39
3	3	0	33	6	2 145	39	33	2 145	39
4	4	0	42	6	2 730	39	42	2 730	39
5	5	0	51	6	3 315	39	51	3 315	39
6	6	0	60	6	3 900	39	60	3 900	39
7	7	0	69	6	4 485	39	69	4 485	39
8	8	0	78	6	5 070	39	78	5 070	39
9	9	0	87	6	5 655	39	87	5 655	39
10	10	0	96	6	6 240	39	96	6 240	39
11	11	0	105	6	6 825	39	105	6 825	39
12	12	0	114	6	7 410	39	114	7 410	39
13	0	1	15	6	975	39	123	7 995	39
14	1	1	24	6	1 560	39	132	8 580	39
15	2	1	33	6	2 145	39	141	9 165	39
16	3	1	42	6	2 730	39	150	9 750	39
17	4	1	51	6	3 315	39	159	10 335	39
18	5	1	60	6	3 900	39	168	10 920	39
19	6	1	69	6	4 485	39	177	11 505	39
20	7	1	78	6	5 070	39	186	12 090	39
21	8	1	87	6	5 655	39	195	12 675	39
22	9	1	96	6	6 240	39	204	13 260	39
23	10	1	105	6	6 825	39	213	13 845	39
24	11	1	114	6	7 410	39	222	14 430	39
25	12	1	123	6	7 995	39	231	15 015	39
26	0	2	24	6	1 560	39	240	1 5600	39
27	1	2	33	6	2 145	39	249	16 185	39
28	2	2	42	6	2 730	39	258	16 770	39
29	3	2	51	6	3 315	39	267	17 355	39
30	4	2	60	6	3 900	39	276	17 940	39
31	5	2	69	6	4 485	39	285	18 525	39
32	6	2	78	6	5 070	39	294	19 110	39
33	7	2	87	6	5 655	39	303	19 695	39
34	8	2	96	6	6 240	39	312	20 280	39
35	9	2	105	6	6 825	39	321	20 865	39
36	10	2	114	6	7 410	39	330	2 1450	39
37	11	2	123	6	7 995	39	339	22 035	39
38	12	2	132	6	8 580	39	348	22 620	39
39	0	3	33	6	2 145	39	357	23 205	39
⋮	⋮	⋮	⋮	⋮	⋮	⋮	⋮	⋮	⋮

◎ 117 を法とした 13 個の合同でない解の一覧表を表 **A5.2** に示す。

$$x = (6+9i)+9k \qquad 0 \leqq i \leqq 12, \quad \forall k \in \mathbb{Z}$$

117 を法として合同でない（異なる解，独立な解）：13 個

$$x = 6 + 9(i + k)$$
$$= 6 + 9K \qquad \forall K \in \mathbb{Z}$$

【4】 $g = (65, 39) = 13$ かつ，$g = 13 \mid 26 = b$ なので，39 を法として，$g = 13$ 個の合同でない（独立な）解をもつ。

したがって，$n' = \dfrac{n}{g} = \dfrac{39}{13} = 3$ となる。

$$13 \times 5x \equiv 13 \times 2 \quad (\text{mod } 13 \times 3) \tag{A5.10}$$
$$5x \equiv \quad 2 \quad (\text{mod } 3) \tag{A5.11}$$
$$3x \equiv \quad 0 \quad (\text{mod } 3) \tag{A5.12}$$

式 (A5.11) × 2 － 式 (A5.12) × 3 より

$$x \equiv 4 \quad (\text{mod } 3)$$
$$x \equiv 1 \quad (\text{mod } 3)$$

式 (A5.1) の一つの解 $x_1 = 1$ となるので，39 を法として合同でない解の個数は 13 個

$$x = x_1 + n'i = 1 + 3i \qquad 0 \le i \le 12$$

したがって，解全体は

$$\therefore \quad x = 1 + 3k \qquad k \in \mathbb{Z}$$

［検算］ $x_1 = 1$ を式 (A5.1) に代入すると，$65 \times 1 = 39 \times 1 + 26$

【5】 $\quad 516x + 159y = 3 \tag{A5.13}$

ユークリッドの互除法で $g = (516, 159)$ を求める。

$$516 = 159 \times 3 + 39$$
$$159 = 39 \times 4 + 3$$
$$39 = 3 \times 13 + 0$$
$$g = (516, 159) = 3 \tag{A5.14}$$

したがって，$g = 3 \mid 3$（式 (A5.13) 定数項）より，式 (A5.13) は解をもつ。

式 (A5.13) を変形すると

$$516x - 3 = -159y$$
$$516x \equiv 3 \quad (\text{mod } 159)$$
$$172 \cdot 3x \equiv 1 \cdot 3 \quad (\text{mod } 53 \cdot 3) \tag{A5.15}$$

式 (5.59) より，式 (A5.15) は

$$172x \equiv 1 \quad (\text{mod } 53) \tag{A5.16}$$
$$53x \equiv 0 \quad (\text{mod } 53) \tag{A5.17}$$

式 (A5.16) − 式 (A5.17) × 3 より

$$172x \equiv 1 \quad (\text{mod } 53) \tag{A5.18}$$
$$159x \equiv 0 \quad (\text{mod } 53) \tag{A5.19}$$
$$\therefore \quad 13x \equiv 1 \quad (\text{mod } 53) \tag{A5.20}$$

式 (A5.17) − 式 (A5.20) × 4 より

$$53x \equiv 0 \quad (\text{mod } 53) \tag{A5.21}$$
$$52x \equiv 4 \quad (\text{mod } 53) \tag{A5.22}$$
$$\therefore \quad x \equiv -4 \quad (\text{mod } 53) \tag{A5.23}$$

したがって，$x = -4$ を式 (A5.13) に代入すると

$$y = \frac{3 - 516 \times (-4)}{159} = 13 \tag{A5.24}$$

式 (A5.13) の一つの解

$$x_0 = -4, \ y_0 = 13 \tag{A5.25}$$

式 (A5.13) を変形すると

$$172 \cdot 3x + 53 \cdot 3y = 1 \cdot 3$$
$$172x + 53y = 1 \tag{A5.26}$$

$(172, 53) = 1$ および式 (A5.25) より，式 (A5.26) の一般解は

$$x = x_0 + n'k = -4 + 53 \times k$$
$$y = y_0 - m'k = 13 - 172 \times k \quad \text{ただし，} k \in \mathbb{Z}$$

なお，式 (A5.14) で

$$516x + 159y = 3$$
$$3 \cdot 172x + 3 \cdot 53y = 3 \cdot 1$$
$$172x + 53y = 1$$

と変形して，この一次不定方程式の解を式 (A5.16) の一次合同式より求めても
よい。

【6】　　**解法 1**：拡張ユークリッドの互除法アルゴリズムによる解法

定理 5.4 により，式 (5.54) $ax + ny = b$ の形に式 (A5.1) を変形すると

$$95\underline{x} + 228\underline{(-y)} = 38 \tag{A5.27}$$

$$\left(a\underline{x} + n\underline{(-y)} = c,\ a = 95,\ n = 228,\ b = 38 \right)$$

ここで，アルゴリズム 4.3 の式 (4.4)　$A\underline{x} + B\underline{y} = g\ (A > B)$ を式 (A5.27) に
対応づけると

$$n = 228 \ \longrightarrow\ A,\ \underline{-y} \ \longrightarrow\ \underline{x},\ a = 95 \ \longrightarrow\ B,\ \underline{x} \ \longrightarrow\ \underline{y} \tag{A5.28}$$

したがって，アルゴリズムを適用する式は

$$228\underline{x} + 95\underline{y} = 38 \tag{A5.29}$$

となる。

$$r_0 = 228, r_1 = 95, s_0 = 1, s_1 = 0, t_0 = 0, t_1 = 1$$

アルゴリズム 4.3 を適用する。

$$i = 1 \quad r_0 \div r_1 = 228 \div 95 = 2 \text{ 余り } 38 \quad \Longrightarrow \quad q_1 = 2, r_2 = 38$$
$$s_2 = s_0 - q_1 \times s_1 = 1 - 2 \times 0 = 1$$
$$t_2 = t_0 - q_1 \times t_1 = 0 - 2 \times 1 = -2$$

$$i = 2 \quad r_1 \div r_2 = 95 \div 38 = 2 \text{ 余り } 19 \quad \Longrightarrow \quad q_2 = 2, r_3 = 19$$
$$s_3 = s_1 - q_2 \times s_2 = 0 - 2 \times 1 = -2$$
$$t_3 = t_1 - q_2 \times t_2 = 1 - 2 \times (-2) = 5$$

$$i = 3 \quad r_2 \div r_3 = 38 \div 19 = 2 \text{ 余り } 0 \quad \Longrightarrow \quad q_3 = 2, r_4 = 0$$

$$i = 4 \quad L = i - 1 = 4 - 1 = 3$$

この計算過程を**表 A5.3** に示す。

表 A5.3

i	r_{i-1}	r_i	商 q_i	余り r_{i+1}	s_{i+1}	s_i	t_{i+1}	t_i
			初期値として代入					
0	—	$r_0 = A$ $= 228$	—	$r_1 = B$ $= 95$	$s_1 = 0$	$s_0 = 1$	$t_1 = 1$	$t_0 = 0$
1	$r_0 = 228$	$r_1 = 95$	$q_1 = 2$	$r_2 = 38$	$s_2 = 1$	$s_1 = 0$	$t_2 = -2$	$t_1 = 1$
2	$r_1 = 95$	$r_2 = 38$	$q_2 = 2$	$r_3 = 19$	$s_3 = -2$	$s_2 = 1$	$t_3 = 5$	$t_2 = -2$
$L = 3$	$r_2 = 38$	$r_3 = g$ $= \underline{19}$	$q_3 = 2$	$r_4 = 0$	s_4 —	$s_3 = x_0$ $= \underline{\underline{-2}}$	t_4 —	$t_3 = y_0$ $= \underline{\underline{5}}$
4	19	0						

$$\text{最大公約数 } g = (228, 95) = r_3 = g = \underset{\sim}{19} \tag{A5.30}$$

となり，式 (A5.29) から

$$228\underline{\underline{x}} + 95\underline{y} = 19 \tag{A5.31}$$

の一つの解は

$$\underline{\underline{x_0}} = s_3 = -2, \quad \underline{y_0} = t_3 = 5 \tag{A5.32}$$

式 (A5.27) と式 (A5.28) では x と y とを入れ換えた対応関係より，式 (A5.27) の一つの解は

$$\underline{x_0} = t_3 = 5, \quad \underline{\underline{-y_0}} = s_3 = -2 \tag{A5.33}$$

式 (4.10)（5 章 手順 3 の式 (5.65)）より，$c' = 2$ となり

$$95(2x_0) + 228(-2y_0) = 2 \times g = 38$$

式 (A5.2) の一つの解は

$$x_1 = 2x_0 = 2 \times 5 = 10$$

すべての解は式 (4.26) より $b' = \dfrac{n}{g} = \dfrac{228}{19} = 12$ から

$$x = 10 + 12k \qquad k \in \mathbb{Z}$$

$n = 228$ を法として $g = 19$ 個の異なる解をもつ。

$$x_i = 10 + 12 \times i \qquad 0 \leqq i < 19$$

［検算］ $x_1 = 10$ を式 (A5.1) に代入すると，$95 \times 10 = 950 = 4 \times 228 + 38$

解法 2：ユークリッドの互除法による解法

ユークリッドの互除法を用いて，95 と 228 の最大公約数 g を求める。

$$g = (228, 95)$$

$$\qquad\qquad \text{商 } q \quad \text{余り } r$$

$$228 = 95 \times 2 + 38 \tag{A5.34}$$

$$95 = 38 \times 2 + 19 \tag{A5.35}$$

$$38 = 19 \times 2 + 0 \tag{A5.36}$$

最大公約数 $g = (228, 95) = 19$

$g = 19 | 38 = b$ なので式 (A5.1) は解をもつ。

式 (A5.35) を 19 について解き，式 (A5.34) を 38 で解いた式に代入する。

$$19 = 5 \times 95 - 2 \times 228 \quad \Longleftrightarrow \quad 95 \times 5 \equiv 19 \pmod{228}$$

$95x \equiv 19 = g \pmod{228}$ の一つの解 $x_0 = 5$ となる。

$b' = 2$, $n' = 12$ となるので全体の解が求まる。

$$x = 10 + 12k \qquad k \in \mathbb{Z}$$

$n = 228$ を法として $g = 19$ 個の異なる解をもつ。

$$x_i = 10 + 12 \times i \qquad 0 \leqq i < 19$$

解法 3：5.5.5 項による解法

最大公約数をユークリッドの互除法で求める。

$$g = (95, 228) = 19$$

式 (A5.1) は $g = 19 | 38 = b$ なので解をもち，つぎのようになる。

$$19 \times 5x \equiv 19 \times 2 \ (\mathrm{mod}\ 19 \times 12) \tag{A5.37}$$

定理 5.3 の式 (5.48) より

$$5x \equiv 2 \ (\mathrm{mod}\ 12) \tag{A5.38}$$

式 (A5.38) より

$$12x \equiv 0 \ (\mathrm{mod}\ 12) \tag{A5.39}$$

式 (A5.38) × 5 より

$$25x \equiv 10 \ (\mathrm{mod}\ 12) \tag{A5.40}$$

式 (A5.39) × 2 より

$$24x \equiv 0 \ (\mathrm{mod}\ 12) \tag{A5.41}$$

式 (A5.40) − 式 (A5.41) より

$$x \equiv 10 \ (\mathrm{mod}\ 12) \tag{A5.42}$$

したがって，式 (A5.1) の一つの解は $x_1 = 10$ となるので

$$x = 10 + 12k \qquad k \in \mathbb{Z}$$

$n = 228$ を法として $g = 19$ 個の異なる解をもつ。

$$x_i = 10 + 12 \times i \qquad 0 \leqq i < 19$$

【**7**】　$10 \equiv 1 \ (\mathrm{mod}\ 9)$ から定理 5.2 の式 (5.15) より

$$10^k \equiv 1 \ (\mathrm{mod}\ 9)$$

$$(i.e. \ \ a = b = 10, \ a' = b' = 1 \ とすると \ a \cdot b \equiv a' \cdot b' \ (\mathrm{mod}\ 9)$$
$$\Longrightarrow \ \ 10^2 \equiv 1 \ (\mathrm{mod}\ 9))$$

$a_k \equiv a_k \ (\mathrm{mod}\ 9)$ と上式より $10^k \times a_k \equiv a_k \ (\mathrm{mod}\ 9)$ となり，したがって

$$a = 10^n \times a_n + 10^{n-1} \times a_{n-1} + \cdots + 10 \times a_1 + a_0$$
$$\equiv a_n + a_{n-1} + \cdots + a_1 + a_0 \ (\mathrm{mod}\ 9)$$

となり，式 (A5.1) が示せる。

　また，$10 \equiv -1 \ (\mathrm{mod}\ 11)$ から定理 5.2 の式 (5.15) より

$$10^k \equiv (-1)^k \ (\mathrm{mod}\ 9)$$

$a_k \equiv a_k \ (\mathrm{mod}\ 9)$ と上式より

$$10^k \times a_k \equiv (-1)^k a_k \ (\mathrm{mod}\ 9)$$

同様の議論により，式 (A5.2) が示せる。

補足：

$$10^n a_n = \left(1 + \underbrace{9999\cdots 9}_{n}\right)a_n$$

$$= a_n + a_n \times \underbrace{999\cdots 9}_{n}$$

$$10^n a_n \equiv a_n \quad (\mathrm{mod}\ 9)$$

【8】 前問の結果を用いて解く。

$$22\,360\,679 \equiv 2+2+3+6+0+6+7+9 \equiv 35 \equiv 3+5 \equiv 8 \ (\mathrm{mod}\ 9)$$

$$22\,360\,679 \equiv 9-7+6-0+6-3+2-2 \equiv 11 \equiv 1-1 \equiv 0 \ (\mathrm{mod}\ 11)$$

【9】 参加賞を受け取りに来た人の人数 x

$$0 < x \leqq 30 \tag{A5.43}$$

$$5x + 2 \equiv 0 \quad (\mathrm{mod}\ 12)$$

$$5x \equiv -2 \quad (\mathrm{mod}\ 12) \tag{A5.44}$$

$(5, 12) = 1$ なので，唯一の解をもつ。式 (A5.44) より

$$12x \equiv 0 \quad (\mathrm{mod}\ 12) \tag{A5.45}$$

式 (A5.44) × 5 − 式 (A5.45) × 2 より

$$25x \equiv -10 \quad (\mathrm{mod}\ 12)$$

$$24x \equiv 0 \quad (\mathrm{mod}\ 12)$$

$$\therefore \quad x \equiv -10 \equiv 2 \quad (\mathrm{mod}\ 12) \tag{A5.46}$$

式 (5.65) より，一般解は

$$x = 2 + 12k \quad k \in \mathbb{Z} \tag{A5.47}$$

式 (A5.47)，(A5.43) の x 範囲から，$k = 0, 1, 2$ のとき，$x = 2$ か 14 か 26 人が受け取った。

[検算] $\quad x = 2 \quad 2 \times 5 + 2 = 12, \qquad 12 = 12 \times 1 + 0$

$\qquad\qquad x = 14 \quad 14 \times 5 + 2 = 72, \qquad 72 = 12 \times 6 + 0$

$\qquad\qquad x = 26 \quad 26 \times 5 + 2 = 182, \quad 182 = 12 \times 16 + 0$

6 章

【1】 定理 6.1 より

$$\lfloor \sqrt{1\,000} \rfloor = 31 \text{ 回}$$

【2】　$70 = 2 \times 5 \times 7$

（a） $2, 5, 7$ の倍数の個数

$$2 \quad \longrightarrow \quad \frac{70}{2} = 35, \quad 5 \quad \longrightarrow \quad \frac{70}{5} = 14, \quad 7 \quad \longrightarrow \quad \frac{70}{7} = 10$$

（b） $2, 5, 7$ の 2 組の共通する倍数の個数

$$2 \times 5 \quad \longrightarrow \quad \frac{70}{10} = 7, \quad 2 \times 7 \quad \longrightarrow \quad \frac{70}{14} = 5, \quad 5 \times 7 \quad \longrightarrow \quad \frac{70}{35} = 2$$

（c） $2, 5, 7$ の 3 組の共通する倍数の個数の総数

$$2 \times 5 \times 7 \quad \longrightarrow \quad \frac{70}{70} = 1$$

$$\begin{aligned}
\varphi(70) = 70 &- \Big(\text{（a）の総和}\Big) \\
&+ \Big(\text{（b）の総和（引き過ぎた 2 組の共通部分の数）}\Big) \\
&- \Big(\text{（c）の総和（足し過ぎた 3 組の共通部分）}\Big) \\
&= 70 - (35 + 14 + 10) + (7 + 5 + 2) - 1 = 24
\end{aligned}$$

【3】 （1） $\varphi(13) = 13 - 1 = 12$

（2） $\varphi(55) = \varphi(5 \cdot 11) = \varphi(5) \cdot \varphi(11) = (5-1) \cdot (11-1) = 40$

（3） $\varphi(1\,024) = \varphi(2^{10}) = 2^{10} - 2^{10-1} = 2^9(2-1) = 512$

（4） $\varphi(360) = \varphi(2^3 \cdot 3^2 \cdot 5) = \varphi(2^3) \cdot \varphi(3^2) \cdot \varphi(5)$
$\qquad\qquad = (2^3 - 2^2) \cdot (3^2 - 3^1)(5-1) = 96$

【4】 （1） **解法 1**：$(9, 17) = 1$ なのでフェルマーの小定理 6.13 の式 (6.47) を用いることができる。

$$(a, p) = 1 \implies a^{p-1} \equiv 1 \pmod{p} \qquad\qquad (6.47 : 再掲)$$

$a = 9, p = 17$ とおけば式 (6.47) から

$$9^{17-1} \equiv 1 \pmod{17} \tag{A6.1}$$

$$9^{100} = 9^{6 \times 16 + 4} = (9^{16})^6 \cdot 9^4 \tag{A6.2}$$

式 (A6.1) より，合同演算式の性質から式 (A6.2) は

$$(9^{16})^6 \cdot 9^4 \equiv 9^4 = (9^2)^2 \pmod{17}$$
$$9^2 = 5 \times 17 - 4$$
$$9^2 \equiv -4 \pmod{17}$$
$$(9^2)^2 \equiv (-4)^2 = 16 \pmod{17}$$
$$9^4 \equiv 16 \pmod{17}$$

したがって，余り $= 16$ \hfill (A6.3)

解法 2：合同式の演算で求める。

$$9^{100} = (9^2)^{50} = \left(\left(9^2 \right)^2 \right)^{25} = \left(\left(17 \times 5 - 4 \right)^2 \right)^{25} \tag{A6.4}$$
$$9^2 \equiv 17 \times 5 - 4 \equiv -4 \pmod{17}$$

となり

$$(9^2)^2 \equiv (-4)^2 = 17 - 1 \equiv -1 \pmod{17} \tag{A6.5}$$

式 (A6.4) は，式 (A6.5) を用いて

$$9^{100} = \left(\left(9^2 \right)^2 \right)^{25} \equiv (-1)^{25} \equiv -1 \equiv 16 \pmod{17}$$

したがって，余り $= 16$

（2） **解法 1**：$(11, 17) = 1$ なので，フェルマーの小定理 6.13 の式 (6.47) を用いることができる。

$$(a, p) = 1 \implies a^{p-1} \equiv 1 \pmod{p} \tag{6.47：再掲}$$

$a = 11, p = 17$ とおけば

$$11^{17-1} \equiv 1 \pmod{17} \tag{A6.6}$$
$$11^{100} = 11^{6 \times 16 + 4} = (11^{16})^6 \cdot 11^4 \tag{A6.7}$$

式 (A6.6) より，合同演算式の性質から式 (A6.7) は

$$(11^{16})^6 \cdot 11^4 \equiv 11^4 \pmod{17}$$
$$11 \equiv -6 \pmod{17}$$
$$11^2 \equiv (-6)^2 = 36 = 17 \times 2 + 2 \pmod{17}$$
$$11^2 \equiv 2 \pmod{17}$$
$$11^4 \equiv 2^2 = 4 \pmod{17} \tag{A6.8}$$

したがって，余り $= 4$

解法 2：合同式の演算で求める。

$$11^{100} = \left(\left(11^2\right)^4\right)^{12} \cdot \left(11^2\right)^2 \tag{A6.9}$$

$$11^2 = 17 \times 7 + 2 \equiv 2 \quad (\bmod\ 17) \tag{A6.10}$$

となり

$$(11^2)^4 \equiv 2^4 = 16 = 17 - 1 \equiv -1 \quad (\bmod\ 17) \tag{A6.11}$$

式 (A6.9) は，式 (A6.10), (A6.11) を用いて

$$11^{100} = \left(\left(11^2\right)^4\right)^{12} \cdot \left(11^2\right)^2 \equiv (-1)^{12} \cdot 2^2 \equiv 4 \quad (\bmod\ 17)$$

したがって，余り $= 4$

（3）（1）の解 式 (A6.3) と（2）の解 式 (A6.8) の結果を用いる。

$$9^{100} \equiv 16 \quad (\bmod\ 17)$$
$$11^{100} \equiv 4 \quad (\bmod\ 17)$$
$$9^{100} + 11^{100} \equiv 16 + 4 \equiv 3 \quad (\bmod\ 17)$$

したがって，余り $= 3$

【5】　　$n = 35 = 5 \times 7$　　素因数：$p_1 = 5,\ p_2 = 7$ (A6.12)
なので，$n = 35$ は平方因子をもたない。

$$\varphi(35) = \varphi(5) \times \varphi(7) = (5-1) \cdot (7-1) = 4 \cdot 6 = 24 \tag{A6.13}$$

定理 6.14 の式 (6.53) を用いると，$t = 49,\ a = 197$ となる。

$$t \equiv 1 \quad (\bmod\ \varphi(n))$$

に $t = 49$ と $\varphi(n) = \varphi(35) = 24$ を代入する。

$$49 \equiv 1 \quad (\bmod\ 24) \tag{A6.14}$$

が成り立つか調べる。

$49 = 24 \times 2 + 1$ となり，式 (A6.14) は成り立つので，定理 6.14 の式 (6.53) が使える。

$$197^{49} \equiv 197 \quad (\bmod\ 35)\ \ 197 = 35 \times 5 + 22$$

より

$$197^{49} \equiv 22 \quad (\bmod\ 35)$$

したがって，余り $= 22$

【6】　$197^{49} \equiv 22\ (\bmod\ 35)$ を用いる。

$$197^{49} \equiv 22 \quad (\bmod\ 35)$$
$$197^{49} \equiv -13 \quad (\bmod\ 35)$$

$157 = 49 \times 3 + 10$ より

$$197^{157} \equiv (197^{49})^3 \times 197^{10} \qquad (\bmod\ 35)$$
$$(197^{49})^2 \equiv (-13)^2 \equiv -6 \qquad (\bmod\ 35)$$
$$(197^{49})^3 \equiv (-6) \times (-13) = 78 \qquad (\bmod\ 35)$$
$$\equiv 8 \qquad (\bmod\ 35)$$
$$197^2 \equiv (-13)^2 \qquad (\bmod\ 35)$$
$$\equiv -6 \qquad (\bmod\ 35)$$
$$197^4 \equiv (-6)^2 \equiv 1 \qquad (\bmod\ 35)$$
$$197^{10} \equiv 1^2 \times (-6) = -6 \qquad (\bmod\ 35)$$
$$197^{157} \equiv (197^{49})^3 \times 197^{10} \equiv 8 \times (-6) = -48 \quad (\bmod\ 35)$$
$$\therefore \quad 197^{157} \equiv 22 \qquad (\bmod\ 35)$$

別解として
$$197^4 \equiv 1 \ (\bmod\ 35)$$
から
$$197^{157} = 197^{4 \times 39 + 1}$$
より
$$197^{157} \equiv 197 \equiv 22 \ (\bmod\ 35)$$
このように
$$197^1 \equiv 22 \equiv -13 \qquad (\bmod\ 35)$$
$$197^2 \equiv 29 \equiv -6 \qquad (\bmod\ 35)$$
$$197^3 \equiv 8 \qquad (\bmod\ 35)$$
$$197^4 \equiv 1 \qquad (\bmod\ 35)$$
$$197^5 \equiv 22 \equiv -13 \qquad (\bmod\ 35)$$
$$197^6 \equiv 29 \equiv -6 \qquad (\bmod\ 35)$$
$$197^7 \equiv 8 \qquad (\bmod\ 35)$$
$$197^8 \equiv 1 \qquad (\bmod\ 35)$$
$$197^9 \equiv 22 \equiv -13 \qquad (\bmod\ 35)$$
$$197^{10} \equiv 29 \equiv -6 \qquad (\bmod\ 35)$$
$$197^{11} \equiv 8 \qquad (\bmod\ 35)$$
$$197^{12} \equiv 1 \qquad (\bmod\ 35)$$

とべき乗が 4 を法としていることを利用して解くことができる。

【**7**】 $\qquad n = 35 = 5 \times 7 \qquad$ 素因数：$p_1 = 5, p_2 = 7$ $\qquad$ (A6.15)

なので，平方因子をもたない。定理 6.14 の式 (6.52) の適用を考えてみる。

$$t = 157 = (p_1 - 1) \times q_1 + r_1 = (5 - 1) \times 39 + 1$$

$$t = 157 \equiv 1 \pmod 4 \qquad p_1 - 1 = 4 \tag{A6.16}$$
$$t = 157 = (p_2 - 1) \times q_2 + r_2 = (7 - 1) \times 26 + 1$$
$$t = 157 \equiv 1 \pmod 6 \qquad p_2 - 1 = 6 \tag{A6.17}$$

したがって，35 の任意の素因数で，式 (A6.16)，(A6.17) が成り立つので，$\forall a \in \mathbb{Z}$ に対して

$$a^{157} \equiv a \pmod{35} \tag{A6.18}$$

$a = 197$ とすると

$$197^{157} \equiv 197 = 35 \times 5 + 22 \quad \pmod{35}$$
$$\equiv 22 \qquad\qquad\qquad \pmod{35}$$

したがって，余り $= 22$

【8】 初項 $a = 3$，公差 $d = 4$ の等差数列の一般項 a_n は

$$a_n = a + (n-1)d = 3 + (n-1) \times 4 = 4n - 1 \qquad n \geq 1 \tag{A6.19}$$

となる。ここで，(初項, 公差) $= (3, 4) = 1$ となり，互いに素である。式 (A6.19) は，式 (6.11) と同じであるから $S4_{-1}$ 型（$4n - 1$ 型）の素数である。$S4_{-1}$ 型（$4n - 1$ 型）の素数が無限に存在する証明は，定理 6.6 と同様な背理法を用いて証明する。

$S4_{-1}$ 型 の素数の最大値を p_n とし，大きさの順に並べる。

$$3, 7, 11, 19, 23, \cdots, p_n$$

これらすべてを掛けて式 (A6.19) に代入すると

$$Q = 4(3 \cdot 7 \cdot 11 \cdot 19 \cdot 23 \cdot \; \cdots \; \cdot p_n) - 1 \tag{A6.20}$$

Q は，素数か合成数のいずれかである。

　　Q が素数　　$\rightarrow$　$\underset{\sim\sim\sim\sim\sim\sim\sim}{Q \in \{S4_{-1}\text{型}\}} \; \wedge \; \underset{\sim\sim\sim\sim}{Q > p_n}$　の素数が存在する

　　　　　　　　　　　p_n が最大の仮定に矛盾する

　　Q が合成数　$\rightarrow$　Q は 2 個以上の異なる素因数をもつ

　式 (A6.20) から Q は，$S4_{-1}$ 型であり，式 (6.14)，(6.15) より，$S4_{-1}$ 型の少なくと一つの素因数 P をもたなければならない。

　　∵　式 (6.17) より，$S4_{+1}$ 型の積だけからは，$S4_{-1}$ 型は得られない

式 (A6.20) の Q は，$3, 7, 11, 19, 23, \cdots, p_n$ で割り切れない。

したがって，$S4_{-1}$ 型の素因数 $Q > p_n$，p_n が最大の仮定に矛盾する。

∴ 式 (A6.19) から計算される $S4_{-1}$ 型の算術級数の項の中には，無限に素数が存在する。

7章

【1】 RSA 暗号の基本的手順はアルゴリズム 7.1 である。

〈公開鍵〉 （1） $n = p \cdot q$ ただし，$p \neq q \ \wedge \ p, q \in \{\,$奇素数$\,\}$
n は一つ目の暗号化鍵（公開鍵）

（2） $\mathrm{GCD}(e, \varphi(n)) = (e, \varphi(n)) = 1$ となる e を求める。
e は二つ目の暗号化鍵（公開鍵）

〈秘密鍵〉 （3） $ed \equiv 1 \pmod{\varphi(n)}$ を満たす d を求める。
d を復号鍵（秘密鍵）

〈暗号化〉 （4） 平文 A の暗号：$A \ \longrightarrow \ A'$ $A' \equiv A^e \pmod{n}$
ただし，$0 \leqq A < n$

〈復　号〉 （5） 暗号文 A' の復号： $\longrightarrow \ A$ $A \equiv (A')^d \pmod{n}$

RSA 暗号では，上記の〈公開鍵〉（2）の代わりに効率を考慮して，最小公倍数 $l = [p-1, q-1]$ を用いて（2）を下記に置き換える方法もある。

（2） 最小公倍数 $l = [p-1, q-1]$
$\mathrm{GCD}(e, l) = (e, l) = 1$ となる e を求める。
e は二つ目の暗号化鍵（公開鍵）

【2】 ・暗号化鍵は相異なる奇素数 p, q の積 $n = pq$ なので

$$\varphi(n) = \underline{① \ \varphi(p)\varphi(q) = (p-1)(q-1)} \ \text{または} \ \varphi(pq) \ \text{または} \ \varphi(p)\varphi(q)$$

・RSA 暗号の基本的な処理手順アルゴリズム 7.1 で，秘密鍵を生成するための式

$$ed \equiv 1 \pmod{\varphi(n)}$$

は，$k \in \mathbb{Z}$ とすると

$$ed = \underline{② \ (p-1)(q-1)k + 1}$$

と表せる。したがって

$$(A')^d = (A^e)^d = \underline{③ \ A^{(p-1)(q-1)k+1}}$$

$$\equiv X \pmod{n = pq}, X = A$$

を導出する。

- （ａ）　$(A, p) = 1$ のとき，p が素数なのでフェルマーの小定理 6.13

$$\underline{④\ A^{p-1}} \equiv 1 \ (\bmod\ p)$$

が成り立つ。したがって

$$A^{ed} = \underline{③\ A^{(p-1)(q-1)k+1}} = \underline{⑤\ \left(A^{p-1}\right)^{(q-1)k}} \cdot A$$

$$\underline{⑤\ \left(A^{p-1}\right)^{(q-1)k}} \cdot A \equiv \underline{⑥\ 1^{(q-1)k}} \cdot A \equiv A \ (\bmod\ p)$$

- （ｂ）　$(A, p) \neq 1$ のとき，$\underline{⑦\ p \mid A\ \text{または}\ A\ \text{は}\ q\ \text{の倍数}}$ となり

$$A \equiv \underline{⑧\ 0} \ (\bmod\ p)$$

の両辺を ed 乗すると

$$A^{ed} \equiv \underline{⑨\ 0} \ (\bmod\ p)$$

となり

$$A^{ed} \equiv A \ (\bmod\ p)$$

となる。

- （ａ），（ｂ）で $A^{ed} \equiv A \ (\bmod\ p)$ が成立する。もう一方の素数 q について
も同様の議論ができるので

$$A^{ed} \equiv A \ \underline{⑩} \ (\bmod\ q)$$

が成り立つ。

- したがって，相異なる奇素数$\underline{⑪\ p}$，$\underline{⑫\ q}$ は $A^{ed} - A$ の $\underline{⑬\ 素因数（公約数）}$
となっている。

- すなわち，これらの積 $\underline{⑭\ p \cdot q\ \text{または}\ n}$ でも割り切れ

$$\underline{⑮\ p \cdot q\ \text{または}\ n} \mid (A^{ed} - A)$$

となっている。

- $\therefore$　$ed \equiv 1 \ (\bmod\ \varphi(n)) \implies (A')^d = A^{ed} \equiv A \ (\bmod\ n)$

注 1)　②,③,⑤の $(p-1)(q-1)$ の部分は，①のどの解答でも可。

注 2)　⑦が正解ならば，⑥の等式が成り立てば形が違っても正解。

【3】　(1)　$6^{11} \ (\bmod\ 13)$

11 を 2 進展開する。

```
2) 11
2)  5 | 1  = d₀
2)  2 | 1  = d₁
    1 | 0  = d₂
      ‖
    d₃
```

$$11 = 1 \cdot 2^0 + 1 \cdot 2^1 + 0 \cdot 2^2 + 1 \cdot 2^3 = 1 \cdot 2^0 + 1 \cdot 2^1 + 1 \cdot 2^3$$

$$6^{2^0} = 6 \ = 6^{2^0} \qquad\qquad\qquad \equiv \ 6 = a_0 \quad (\mathrm{mod}\ 13)$$

$$6^{2^1} = 6^2 = (6)^2 \ \equiv 6^2 = 36 \qquad \equiv -3 = a_1 \quad (\mathrm{mod}\ 13)$$

$$6^{2^2} = 6^4 = (6^2)^2 \qquad\quad \equiv (-3)^2 = \ 9 = a_2 \quad (\mathrm{mod}\ 13)$$

$$6^{2^3} = 6^8 = (6^4)^2 \equiv 9^2 = 81 \qquad \equiv \ 3 = a_3 \quad (\mathrm{mod}\ 13)$$

実際の計算では，この繰り返し演算を行う。

$$\begin{cases} d_0 = \underline{1}: & a = 6 \equiv \ 6 = a_0 \quad (\mathrm{mod}\ 13) \\ d_1 = \underline{1}: & a_0{}^2 = 6^2 = 36 \equiv -3 = a_1 \quad (\mathrm{mod}\ 13) \\ d_2 = 0: & a_1{}^2 = (-3)^2 = 9 \equiv \ 9 = a_2 \quad (\mathrm{mod}\ 13) \\ d_3 = \underline{1}: & a_2{}^2 = 9^2 = 81 \equiv \ 3 = a_3 \quad (\mathrm{mod}\ 13) \end{cases}$$

したがって

$$6^{11} \equiv a_0 \times a_1 \times a_3 = 6 \times (-3) \times 3 \equiv -54 \equiv -2 \equiv 11 \ (\mathrm{mod}\ 13)$$

（2） 13^{300} (mod 33)

300 を 2 進展開する。

```
2) 300
2) 150 │ 0  = d₀
2)  75 │ 0  = d₁
2)  37 │ 1  = d₂
2)  18 │ 1  = d₃
2)   9 │ 0  = d₄
2)   4 │ 1  = d₅
2)   2 │ 0  = d₆
      1 │ 0  = d₇
      ‖
      d₈
```

$$\begin{aligned} 300 \ &= 0 \cdot 2^0 + 0 \cdot 2^1 + 1 \cdot 2^2 + 1 \cdot 2^3 + 0 \cdot 2^4 + 1 \cdot 2^5 + 0 \cdot 2^6 + 0 \cdot 2^7 \\ &\quad + 1 \cdot 2^8 \\ &= 1 \cdot 2^2 + 1 \cdot 2^3 + 1 \cdot 2^5 + 1 \cdot 2^8 \end{aligned}$$

$$13^{2^0} = 13 \quad = 13^{2^0} \qquad = 13 \qquad\qquad\quad = a_0 \quad (\mathrm{mod}\ 33)$$

$$13^{2^1} = 13^2 \ = (13)^2 \quad \equiv 13^2 = 169 \ \equiv 4 \ = a_1 \quad (\mathrm{mod}\ 33)$$

$$13^{2^2} = 13^4 \ = (13^2)^2 \quad \equiv 4^2 = 16 \qquad = a_2 \quad (\mathrm{mod}\ 33)$$

$$13^{2^3} = 13^8 \ = (13^4)^2 \quad \equiv 16^2 = 256 \ \equiv -8 = a_3 \quad (\mathrm{mod}\ 33)$$

$$13^{2^4} = 13^{16} = (13^8)^2 \quad \equiv (-8)^2 = 64 \equiv -2 = a_4 \quad (\mathrm{mod}\ 33)$$

$$13^{2^5} = 13^{32} \ = (13^{16})^2 \ \equiv (-2)^2 = 4 \qquad = a_5 \quad (\text{mod } 33)$$

$$13^{2^6} = 13^{64} \ = (13^{32})^2 \ \equiv 4^2 = 16 \qquad\quad = a_6 \quad (\text{mod } 33)$$

$$13^{2^7} = 13^{128} = (13^{64})^2 \ \equiv 16^2 \qquad\quad \equiv -8 = a_7 \quad (\text{mod } 33)$$

$$13^{2^8} = 13^{256} = (13^{128})^2 \equiv (-8)^2 \qquad \equiv -2 = a_8 \quad (\text{mod } 33)$$

実際の計算では，この繰り返し演算を行う。

$$\begin{cases}
d_0 = 0 : & a = 13 & \equiv \ 13 = a_0 \quad (\text{mod } 33) \\[4pt]
d_1 = 0 : & a_0{}^2 = 13^2 = 169 & \equiv \ \ 4 = a_1 \quad (\text{mod } 33) \\[4pt]
d_2 = \underline{1} : & a_1{}^2 = \underline{4}^2 = 16 & \equiv \ 16 = a_2 \quad (\text{mod } 33) \\[4pt]
d_3 = \underline{1} : & a_2{}^2 = \underline{16}^2 = 256 & \equiv -8 = a_3 \quad (\text{mod } 33) \\[4pt]
d_4 = 0 : & a_3{}^2 = \underwave{(-8)}^2 = 64 & \equiv -2 = a_4 \quad (\text{mod } 33) \\[4pt]
d_5 = \underline{1} : & a_4{}^2 = (-2)^2 = 4 & \equiv \ \ 4 = a_5 \quad (\text{mod } 33) \\[4pt]
d_6 = 0 : & a_5{}^2 = \underline{4}^2 & \equiv \ 16 = a_6 \quad (\text{mod } 33) \\[4pt]
d_7 = 0 : & a_6{}^2 = \underline{\underline{16}}^2 & \equiv -8 = a_7 \quad (\text{mod } 33) \\[4pt]
d_8 = \underline{1} : & a_7{}^2 = \underwave{(-8)}^2 & \equiv -2 = a_8 \quad (\text{mod } 33)
\end{cases}$$

したがって

$$13^{300} \equiv a_2 \times a_3 \times a_5 \times a_8 = 16 \times (-8) \times 4 \times (-2)$$

$$\equiv 16 \times 8^2 \equiv 16 \times (-2) = -32 \equiv 1 \ (\text{mod } 33)$$

（3）　$197^{157} \ (\text{mod } 35)$

157 を 2 進展開する。

```
2 ） 157
2 ）  78 │ 1  = d_0
2 ）  39 │ 0  = d_1
2 ）  19 │ 1  = d_2
2 ）   9 │ 1  = d_3
2 ）   4 │ 1  = d_4
2 ）   2 │ 0  = d_5
       1 │ 0  = d_6
       ‖
       d_7
```

$$157 = 1 \cdot 2^0 + 0 \cdot 2^1 + 1 \cdot 2^2 + 1 \cdot 2^3 + 1 \cdot 2^4 + 0 \cdot 2^5 + 0 \cdot 2^6 + 1 \cdot 2^7$$

$$= 1 \cdot 2^0 + 1 \cdot 2^2 + 1 \cdot 2^3 + 1 \cdot 2^4 + 1 \cdot 2^7$$

$$197^{2^0} = 197 \quad = 197^{2^0} \quad = 197 \qquad\qquad \equiv 22 = a_0 \pmod{35}$$
$$197^{2^1} = 197^2 \quad = (197)^2 \quad \equiv (-13)^2 = 169 \equiv -6 = a_1 \pmod{35}$$
$$197^{2^2} = 197^4 \quad = (197^2)^2 \quad \equiv (-6)^2 = 36 \quad \equiv \quad 1 = a_2 \pmod{35}$$
$$197^{2^3} = 197^8 \quad = (197^4)^2 \qquad\qquad \equiv \quad 1 = a_3 \pmod{35}$$
$$197^{2^4} = 197^{16} \quad = (197^8)^2 \qquad\qquad \equiv \quad 1 = a_4 \pmod{35}$$
$$197^{2^5} = 197^{32} \quad = (197^{16})^2 \qquad\qquad \equiv \quad 1 = a_5 \pmod{35}$$
$$197^{2^6} = 197^{64} \quad = (197^{32})^2 \qquad\qquad \equiv \quad 1 = a_6 \pmod{35}$$
$$197^{2^7} = 197^{128} = (197^{64})^2 \qquad\qquad \equiv \quad 1 = a_7 \pmod{35}$$

実際の計算では，この繰り返し演算を行う。

$$
\begin{cases}
d_0 = 1 : & a = 197 & \equiv 22 = a_0 & \pmod{35} \\
d_1 = 0 : & a_0{}^2 \equiv (-13)^2 = 169 \equiv -6 = a_1 & \pmod{35} \\
d_2 = 1 : & a_1{}^2 = (-6)^2 = 36 \quad \equiv \quad 1 = a_2 & \pmod{35} \\
d_3 = 1 : & a_2{}^2 = 1^2 = 1 \qquad \equiv \quad 1 = a_3 & \pmod{35} \\
d_4 = 1 : & a_3{}^2 = 1^2 = 1 \qquad \equiv \quad 1 = a_4 & \pmod{35} \\
d_5 = 0 : & a_4{}^2 = 1^2 = 1 \qquad \equiv \quad 1 = a_5 & \pmod{35} \\
d_6 = 0 : & a_5{}^2 = 1^2 = 1 \qquad \equiv \quad 1 = a_6 & \pmod{35} \\
d_7 = 1 : & a_6{}^2 = 1^2 = 1 \qquad \equiv \quad 1 = a_7 & \pmod{35}
\end{cases}
$$

したがって

$$197^{157} \equiv a_0 \times a_2 \times a_3 \times a_4 \times a_7 = 22 \times 1 \times 1 \times 1 \times 1$$
$$\equiv 22 \pmod{35}$$

【4】　$n = 3 \times 11$ と素因数分解できる。

$$p = 3, \ q = 11 \tag{A7.1}$$
$$\varphi(n) = \varphi(3 \cdot 11) = \varphi(3) \cdot \varphi(11) = 2 \times 10 = 20 \tag{A7.2}$$

$(e, \varphi(n)) = (7, 20) = 1$ となる。式 (A7.3) は唯一の解をもつ。

$$ed \equiv 1 \pmod{\varphi(n)} \ \longrightarrow \ 7d \equiv 1 \pmod{20} \tag{A7.3}$$

式 (A7.3) より

$$20d \equiv 0 \pmod{20} \tag{A7.4}$$

式 (A7.3) × 3 − 式 (A7.4) より

$$\therefore \quad 秘密鍵 \ d = 3 \tag{A7.5}$$

$$A \equiv (A')^d \qquad (\text{mod } n)$$

より

$$19 \equiv -14 \qquad (\text{mod } 33)$$

$$19^2 \equiv (-14)^2 = 196 = 33 \times 6 - 2 \qquad (\text{mod } 33)$$

$$19^3 \equiv (-2) \times 19 = -38 = 33 \times (-2) + 28 \qquad (\text{mod } 33)$$

$$\therefore \quad 19^3 \equiv 28 \qquad (\text{mod } 33)$$

平文：　　$A \equiv 19^3 (= 6\,859) \equiv 28 \ (\text{mod } 33)$

［検算］　$A' \equiv A^7 = 28^7 \equiv (-5)^7 \qquad (\text{mod } 33)$

$$\equiv (-5)^7 = \left\{ (-5)^2 \right\}^3 (-5) \qquad (\text{mod } 33)$$

$$\equiv (-5)^7 \equiv (-8)^2 \cdot (-8) \cdot (-5) \qquad (\text{mod } 33)$$

$$\equiv (-2) \cdot 7 \equiv 19 \qquad (\text{mod } 33)$$

【5】　$p = 7$, $q = 13$, 暗号化鍵 $e = 17$, $A = 25$

$$n = pq = 7 \times 13 = 91 \tag{A7.6}$$

$$\varphi(n) = \varphi(7 \cdot 13) = \varphi(7) \cdot \varphi(13) = 6 \times 12 = 72 \tag{A7.7}$$

$$(e, \ \varphi(n)) = (e, \ 72) = 1 \tag{A7.8}$$

したがって，e の候補およびそのときの d の値は，**表 A7.1** の $\varphi(72) - 1 = \varphi(2^3 \cdot 3^2) - 1 = 23$ 個である。

表 A7.1

e	5	7	11	13	17	19	23	25	29	31	35	37
d	29	31	59	61	17	19	47	49	5	7	35	37

e	41	43	47	49	53	55	59	61	65	67	71
d	65	67	23	25	53	55	11	13	41	43	71

なお，e の候補は，最小公倍数 $l = [p-1, \ q-1] = [2, \ 12] = 12$ となるので，上記の表からわかるように

$$5 + 12k, \quad 7 + 12k, \quad 11 + 12k, \quad 1 + 12k \qquad k \in \mathbb{Z}$$

で繰り返されていることがわかる。

さて，問題に戻ると，e の候補のうち，$e = 17$ が指定されているので，$(e, \varphi(n)) = (17, 72) = 1$ となる。式 (A7.9) は唯一の解をもつ。

$$ed \equiv 1 \ (\text{mod } \varphi(n))$$

より

$$17d \equiv 1 \ (\text{mod } 72) \tag{A7.9}$$

式 (A7.9) より

$$72d \equiv 0 \ (\text{mod } 72) \tag{A7.10}$$

式 (A7.10) − 式 (A7.9) × 4 より

$$4d \equiv -4 \pmod{72} \tag{A7.11}$$

式 (A7.9) − 式 (A7.11) ×4 より

$$\therefore \quad 秘密鍵 \ d = 17 \tag{A7.12}$$

$$\left(\begin{array}{l} 式 \ (\text{A7.11}) \ では, \ (4, -4, 72) = 4 \ なので \\ d \equiv -1 \pmod{18} \implies d = 17 \ でもよい。 \end{array} \right)$$

$A' \equiv A^e \pmod{n}$ より

$$暗号文 : A' \equiv 25^{17} \pmod{91} \tag{A7.13}$$

$25^{17} \pmod{91}$ を繰り返し 2 乗法で求める。

17 を 2 進展開する。

```
2 ) 17
2 ) 8 │ 1  = d_0
2 ) 4 │ 0  = d_1
2 ) 2 │ 0  = d_2
    1 │ 0  = d_3
    ‖
    d_4
```

$$17 = 1 \cdot 2^0 + 0 \cdot 2^1 + 0 \cdot 2^2 + 0 \cdot 2^3 + 1 \cdot 2^4 = 1 \cdot 2^0 + 1 \cdot 2^4$$

$$25^{2^0} = 25 \quad = 25^{2^0} \quad = 25 \quad\quad\quad\quad = a_0 \pmod{91}$$

$$25^{2^1} = 25^2 = (25)^2 \equiv 25^2 \quad = 625 \equiv -12 = a_1 \pmod{91}$$

$$25^{2^2} = 25^4 = (25^2)^2 \equiv (-12)^2 = 144 \quad \equiv -38 = a_2 \pmod{91}$$

$$25^{2^3} = 25^8 = (25^4)^2 \equiv (-38)^2 = 1\,444 \equiv -12 = a_3 \pmod{91}$$

$$25^{2^4} = 25^{16} = (25^8)^2 \equiv (-12)^2 \quad\quad \equiv -38 = a_4 \pmod{91}$$

実際の計算では，この繰り返し演算を行う。

$$\begin{cases} d_0 = \underset{\cdots}{1} : \quad a = 25 \quad\quad\quad\quad\quad \equiv 25 = a_0 \quad \pmod{91} \\ d_1 = 0 : \quad a_0{}^2 = (25)^2 = 625 \quad\quad \equiv -12 = a_1 \quad \pmod{91} \\ d_2 = 0 : \quad a_1{}^2 = (-12)^2 = 144 \quad\quad \equiv -38 = a_2 \quad \pmod{91} \\ d_3 = 0 : \quad a_2{}^2 = (-38)^2 = 1\,444 \equiv -12 = a_3 \quad \pmod{91} \\ d_4 = \underset{\cdots}{1} : \quad a_3{}^2 = (-12)^2 \quad\quad\quad \equiv -38 = a_4 \quad \pmod{91} \end{cases}$$

暗号文：

$$A' \equiv 25^{17} \quad\quad\quad\quad\quad\quad\quad\quad \pmod{91}$$

$$\equiv a_0 \times a_4 = 25 \times (-38) = -950 \pmod{91}$$

$$\equiv -40 \quad\quad\quad\quad\quad\quad\quad\quad \pmod{91}$$

$$\equiv 51 = A' \quad\quad\quad\quad\quad\quad \pmod{91}$$

［検算］ $A = (A')^{17} = 51^{17} \pmod{91}$ を繰り返し 2 乗法で求める。

$$51^{2^0} = 51 \quad = 51^{2^0} \quad = 51 \qquad \equiv -40 = a_0 \pmod{91}$$
$$51^{2^1} = 51^2 \quad = (51)^2 \quad \equiv (-40)^2 = 1\,600 \equiv -38 = a_1 \pmod{91}$$
$$51^{2^2} = 51^4 \quad = (51^2)^2 \equiv (-38)^2 = 1\,444 \equiv -12 = a_2 \pmod{91}$$
$$51^{2^3} = 51^8 \quad = (51^4)^2 \equiv (-12)^2 = 144 \quad \equiv -38 = a_3 \pmod{91}$$
$$51^{2^4} = 51^{16} = (51^8)^2 \equiv (-38)^2 \qquad \equiv -12 = a_4 \pmod{91}$$

実際の計算では，この繰り返し演算を行う。

$$\begin{cases} d_0 = \underline{1} : & a = 51 & \equiv -40 = a_0 \quad \pmod{91} \\ d_1 = 0 : & a_0{}^2 = (-40)^2 = 1\,600 \equiv -38 = a_1 \quad \pmod{91} \\ d_2 = 0 : & a_1{}^2 = (-38)^2 = 1\,444 \equiv -12 = a_2 \quad \pmod{91} \\ d_3 = 0 : & a_2{}^2 = (-12)^2 = 144 \equiv -38 = a_3 \quad \pmod{91} \\ d_4 = \underline{1} : & a_3{}^2 = (-38)^2 & \equiv -12 = a_4 \quad \pmod{91} \end{cases}$$

平文：

$$51^{17} \equiv a_0 \times a_4 = (-40) \times (-12) = 480 \equiv 25 = A \pmod{91}$$

【6】　（1）　公開鍵 e と秘密鍵 d を求める。

　　　　　最小公倍数 $l = [p-1, q-1] = [3-1, 7-1] = [2, 6] = 6$

$$(e, l) = (e, 6) = 1 \text{ より}$$
$$e = 5 \tag{A7.14}$$

式 (7.27) より
$$ed \equiv 1 \pmod{6}$$

式 (A7.14) より
$$5d \equiv 1 \pmod{6} \tag{A7.15}$$

式 (A7.15) より
$$6d \equiv 0 \pmod{6} \tag{A7.16}$$

$5 \times$ 式 (A7.15) $- 4 \times$ 式 (A7.16) より
$$d \equiv 5 \pmod{6}$$
$$d = 5 \tag{A7.17}$$

$$\therefore \text{ 公開鍵 } e = 5, \text{ 秘密鍵 } d = 5$$

（2）　平文 $A = 19$ を暗号化し，暗号文 A' を求める。

式 (7.27) より
$$A' \equiv A^e \pmod{n = pq}$$
$$\equiv 19^5 \pmod{21}$$
$$19 \equiv -2 \pmod{21} \tag{A7.18}$$
$$19^2 \equiv 4 \pmod{21}$$

$$19^4 \equiv 16 \quad (\text{mod } 21)$$

$$19^4 \equiv 5 \quad (\text{mod } 21) \tag{A7.19}$$

式 (A7.18) × 式 (A7.19) より

$$19^5 \equiv 10 \quad (\text{mod } 21)$$

となり

$$\therefore \quad 暗号文 \ A' = 10 \tag{A7.20}$$

（3） 復号し，平文 A に戻ることの確認する。

式 (7.29) より

$$\tilde{A} \equiv (A')^5 \qquad (\text{mod } n = pq)$$

として $\tilde{A} = A$ となるか確認する。

$$\tilde{A} \equiv 10^5 \qquad (\text{mod } 21)$$

$$10^2 \equiv 21 \times 5 - 5 \qquad (\text{mod } 21)$$

$$10^2 \equiv -5 \qquad (\text{mod } 21)$$

$$10^4 \equiv 25 \qquad (\text{mod } 21)$$

$$10^4 \equiv 4 \qquad (\text{mod } 21)$$

$$10^5 \equiv 4 \times 10 = 1 + 19 \qquad (\text{mod } 21)$$

$$\therefore \quad \tilde{A} = 19 = A$$

索　引

—— 著 者 略 歴 ——

長嶋 祐二（ながしま ゆうじ）
1978年　工学院大学工学部電子工学科卒業
1980年　工学院大学大学院工学研究科修士課程
　　　　修了（電気工学専攻）
1980年　工学院大学助手
1989年　工学院大学講師
1993年　博士（工学）工学院大学
1994年　工学院大学助教授
2003年　工学院大学教授
　　　　現在に至る

福田 一帆（ふくだ かずほ）
2001年　千葉大学工学部画像工学科卒業
2003年　東京工業大学大学院総合理工学研究科
　　　　修士課程修了（物理情報システム専攻）
2006年　東京工業大学大学院総合理工学研究科
　　　　博士課程修了（物理情報システム専攻）
　　　　博士（工学）
2006年　東京工業大学産学官連携研究員
2006年　York 大学（カナダ）博士研究員
2009年　東京工業大学特任助教
2010年　東京工業大学助教
2014年　工学院大学准教授
　　　　現在に至る

基礎から学ぶ整数論　—RSA 暗号入門—
Fundamentals of Number Theory —Introduction to RSA Encryption—
ⓒ Yuji Nagashima, Kazuho Fukuda 2020

2020 年 10 月 8 日　初版第 1 刷発行　　　　　　　　　　　　　　★

検印省略

著　　者　長　嶋　祐　二
　　　　　福　田　一　帆
発 行 者　株式会社　コ ロ ナ 社
　　　　　代 表 者　牛 来 真 也
印 刷 所　三 美 印 刷 株 式 会 社
製 本 所　有限会社　愛 千 製 本 所

112-0011　東京都文京区千石 4-46-10
発 行 所　株式会社　コ ロ ナ 社
CORONA PUBLISHING CO., LTD.
Tokyo Japan
振替 00140-8-14844・電話(03)3941-3131(代)
ホームページ　https://www.coronasha.co.jp

ISBN 978-4-339-06120-8　C3041　Printed in Japan　　　　　（松岡）

シリーズ 情報科学における確率モデル

（各巻A5判）

■編集委員長　土肥　正
■編集委員　栗田多喜夫・岡村寛之

定価は本体価格+税です。
定価は変更されることがありますのでご了承下さい。

図書目録進呈◆